网页创意与艺术设计

Web Creative and
Artistic Design

▶ 杨欣斌　主编

高等教育出版社·北京

内容简介

本书是高等职业教育数字媒体专业群教学资源库配套教材。

"网页艺术设计"是网站建设技术形态的延伸,是一门以视觉艺术为主要表现形式的课程。本书将用户体验、创意设计引入网页艺术设计中,按照网页设计的总体流程展开内容,从网页艺术设计的内容、原则和特点等方面在理论上进行深入探讨,并对网页艺术设计的具体技巧进行了细致分析。本书在知识层面涵盖了网站用户体验、用户研究、网页创意设计、网页版式设计、色彩设计、文字设计、图形图像设计等内容,其教学重点是基于用户体验,围绕网页艺术设计进行各设计要素和设计法则的讲解、分析和运用。

本书内容丰富,结构清晰,技术参考性强,适合作为高职高专院校及职业学校相关课程的教材,还可以作为相关培训机构的参考教材,以及网页设计工作者和爱好者的自学读物。

图书在版编目(CIP)数据

网页创意与艺术设计 / 杨欣斌主编. --北京:高等教育出版社,2017.9(2021.7 重印)
ISBN 978-7-04-048495-3

Ⅰ. ①网… Ⅱ. ①杨… Ⅲ. ① 网页-设计-高等职业教育-教材 Ⅳ. ①TP393.092.2

中国版本图书馆 CIP 数据核字(2017)第 219542 号

策划编辑	张 维	责任编辑	张 维	封面设计	赵 阳	版式设计	于 婕
插图绘制	杜晓丹	责任校对	高 歌	责任印制	田 甜		

Wangye Chuangyi yu Yishu Sheji

出版发行	高等教育出版社	网 址	http://www.hep.edu.cn
社 址	北京市西城区德外大街 4 号		http://www.hep.com.cn
邮政编码	100120	网上订购	http://www.hepmall.com.cn
印 刷	北京市密东印刷有限公司		http://www.hepmall.com
开 本	787mm×1092mm 1/16		http://www.hepmall.cn
印 张	13		
字 数	330 千字	版 次	2017年9月第1版
购书热线	010-58581118	印 次	2021 年 7 月第 2 次印刷
咨询电话	400-810-0598	定 价	32.80元

本书如有缺页、倒页、脱页等质量问题,请到所购图书销售部门联系调换
版权所有 侵权必究
物 料 号 48495-00

高等职业教育数字媒体专业群国家资源库简介

高等职业教育数字媒体专业群国家资源库建设项目于 2014 年 6 月获教育部批准立项，主持单位为深圳信息职业技术学院，另有广州工程技术职业学院等 31 家联合单位参与建设。

该项目紧密对接我国文化创意产业，以先进的职业教育理念为指导，以提高数字媒体专业群人才培养质量为根本，以提升专业服务产业能力为目的，整合国内外院校、企业等合作单位的力量，通过系统化设计，建成了内容丰富、技术先进、功能强大，具有"泛在化、国际化、智能化、开放化、精品化"特色的数据仓库型专业教学资源库。

资源库整体建设的创新点与特色主要有四点。一是受众特色，即开设残疾人频道，提供优质"三语"资源服务助力残疾人；二是应用特色，即建设了"UU"威客平台，实现创新创意的交易自助、创业自主；三是教学特色，即以微课为中心展开教学活动处理教学难点；四是资源特色，即深度的国际化合作，探索人才培养模式与资源转化。

项目构建了一个共享共用、互融互通、易扩易用的资源库平台，开发了一套"可持续发展平台+专业方向"的专业群课程体系，建设了包含 10 个专业（方向）、79 门课程、477 门微课、"17+1"个应用资源子库的共享型专业教学资源库，完成各类资源 141313 余条。开设服务于学习者、教学者、企业、政府行业、院校、残疾人六类用户的专用频道，构建了一个融就业、创业、项目发标、作品交易于一体的"UU"威客平台。

项目构建了开放型、共享型的学习社区，满足了六种用户不同层次的学习需求，实现了资源的有效共享。目前各类注册用户总数为 13081 人。建立了资源库持续"保鲜"机制，确保资源的动态更新。数字媒体专业群教学资源库已成为用户自主学习的平台、企业宣传的窗口、社会培训的园地、技术交流的社区和人才供需的桥梁，为提高全国高职院校数字媒体专业群人才培养水平提供了良好的资源保障。

前　言

　　随着互联网和数字技术的发展，网页设计逐渐演变为一种视觉语言，是集创意、技术、美感于一体的创新活动。它可以根据客户的需求向浏览者传递信息。如何在浩瀚的网页海洋中，让设计出的网页取得惊鸿一瞥的精彩效果，从众多的网页中脱颖而出，吸引到更多的受众人群，赢得用户的浏览和信任，这就需要考虑浏览者的使用体验。如果没有把网站用户体验的相关细节处理好，会直接影响网站的转化率，这一现象在电子商务类型网站方面尤为明显。

　　网页设计具有技术性与艺术性融合的特征。一方面，网页设计综合了多个设计软件的运用，各种设计元素（如图像、动画、文字和流媒体等）都是通过网页编辑软件进行整合，从而形成网页。另一方面，随着网络信息的增加，人们对网页的形式具有了较高的要求，出现了一些注重网页艺术效果的作品，网页设计就此发展成为一门艺术，具有了自身的艺术语言。

　　本书在内容编写方面，遵循网页创意艺术设计的规律，根据网页设计的基本流程，从用户需求出发，以提高网站用户体验为核心进行网页创意设计。具体内容包括网站用户体验、用户研究、创意设计、网页版式设计、网页色彩设计、网页文字设计、网页图形图像设计、网页创意设计综合案例等内容。学习过程建议采用"鉴赏、临摹、创意、设计、制作"5个步骤，着重培养学习者的创意艺术设计能力，将网页作为一件艺术作品进行设计与制作，实现技术与艺术的融合。本书每章都附有一定数量的优秀案例和训练题目，方便学习者进行鉴赏、临摹、创意、制作。最后一章将本书的主要知识点融入到完整的案例教学中，使读者可以全方位地巩固和掌握网页创意设计方法。

　　本书由杨欣斌任主编，刘文娟、于洪波、李晓、黄蓉、于成龙任副主编。

　　由于时间仓促，疏漏之处在所难免，恳请读者批评指正。

编　者

2017 年 7 月

目　录

第1章
网页艺术设计概论

学习目标

【知识目标】

- 认识网页创意设计的重要性
- 了解网站建设从业人员的岗位要求
- 了解网页设计的构成要素及特性
- 掌握网页设计的基本流程

【能力目标】

- 能够对网页作品进行艺术鉴赏与分析
- 掌握网页设计的标准与要求
- 能进行简单的网页设计

网页设计作为一种特殊的视觉语言，是集创意、技术、美感于一体的创新活动。它可以根据企业的期望向用户浏览者传递信息，达到企业形象宣传、产品推广、为用户提供服务等目的。那么网页设计与其他艺术设计有什么不同之处呢？可以从哪些方面入手帮助我们设计出与众不同的网站效果呢？

除了上述问题之外，还可以进一步思考以下问题。

➤ 我们经常使用的网站有哪些，它们有什么样的特点吗？

➤ 如果拿到一个网页设计需求，你会如何来做设计？

➤ 网站类型一般包括哪几大类？

➤ 一个完整的网站都有哪些构成要素呢？

➤ 网页设计常用的工具有哪些？

1.1 网页艺术设计概述

微课
网页艺术设计概述

21 世纪是互联网的时代，作为互联网最重要的载体之一，网页就是时代发展最重要的缩影。1991 年 8 月，Tim Berners-Lee 发布了第一个基于文本的网站，它解释了万维网的概念、如何使用网页浏览器和如何建立一个网页服务器等内容。自从第一个网站诞生以来，设计师们尝试了各种网页的视觉效果。早期的网页完全由文本构成，采用单栏设计，只有一些小图片和毫无布局可言的标题与段落格式。

然而时代在进步，接下来出现了表格布局、Flash 动画、以及基于 CSS 的网页设计，网页的形式从单纯的文本形式，逐渐发展为包含文本、图像、音频、视频以及动画的多媒体形式。网页的功能从单纯的信息传输，转变成为企业文化形象的代表、业务拓展的重要方式。用户对网页的需求也在不断提高，网页不仅需要满足用户功能上的需求，还要给用户带来更好的体验、功能和视觉的统一和一种美的享受。如图 1-1 所示为商业网站页面效果图，通过企业网站页面设计，来体现公司的产品特性和设计理念，展示企业的文化形象。

图 1-1　商业网站页面效果图

　　如何在浩瀚的网页海洋中，让自己设计的网页取得惊鸿一瞥的精彩效果，从众多网页中脱颖而出，吸引更多的受众人群，赢得用户的浏览和信任，这是网页设计人员需要考虑的问题。据统计，到 2013 年底全球的网站总量约 10 亿个，我国的网站总量约 350 万个，而大多数用户常去的网站或经常关注的网站只有 30～50 个，最多不超过 100 个，那么在我国 350 万个网站中，一个网站被用户关注到的概率低于万分之三。在这么低的概率下，如何让设计的网站快速吸引到客户的眼球，赢得用户的浏览和信任，这是尤其要关注的问题。

　　互联网相关技术的发展推动着整个时代滚滚向前。网页设计也逐渐地演变成了一种视觉语言，是集创意、技术、美感于一体的创新活动。它可以根据客户的期望向浏览者传递信息，网页除了注重设计外，更多的是需要考虑浏览者的使用体验、视觉效果、功能逻辑以及页面优化各方面的内容，要想做好网页设计，必然要在创意艺术设计上下功夫。

　　网页艺术设计最重要的是以用户体验为核心的艺术表现能力，而不是操作 Photoshop 等设计软件的能力或熟练程度。虽然未来人人都有自行设计网页的能力，但是要设计美观的网页却不是人人都能做到的，就好像大家都会写字，但是却不是人人都能写出好文章来一样。因此，网页设计将来会越来越倾向于专业制作，一个好的网页程序设计师不一定就能做好网页设计，它往往需要网页艺术设计师和网页程序设计师配合来完成。

　　网页设计既是一门科学亦是一门艺术，它具有灵活的视觉表现形式，同时也具有一套以用户体验为核心的实战方法论，网页不仅要把各种元素堆砌上去，而且还要考虑如何让受众更好地、更有效地接收网页上的信息，这就要从审美的方面入手，把平面设计中美的基本形式运用到网页中去，增加网页设计的美感，制作出清晰、整体性好的页面，较大程度地满足用户的审美需求。

1.2　网页艺术设计的独特性

　　网页艺术设计与传统的艺术设计、平面设计有很大的不同，网页设计虽然在理念上也追求简约、时尚、个性，但也要遵循一定的设计规范，包括网页字体、页面尺寸以及分辨率等，因为用户是要通过浏览器去访问的。网页的设计必须配合网站的内容来设计，而不是单纯地只为表现艺术性而设计。除了拥有平面设计作品的功能以外，还有重要的引导和连接功能，要便于用户操作，具有良好的互动效果。网页艺术设计的

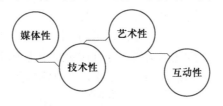

图 1-2　网页艺术设计的独特性

独特性（如图 1-2 所示）主要体现在媒体性、艺术性、技术性和交互性 4 个方面。

1.2.1　媒体性

　　网页艺术设计与传统艺术设计的第一个不同就是它的媒体性（如图 1-3 所示）。人们要去登录网站、浏览网页，是因为他们要获取信息，获得一些想要的内容。在当今的信息化时代，网络已经逐渐取代传统媒体，代表了主流的信息传

播方式，网页艺术设计也成为了艺术的主要表现方式之一。那么媒体性就是网页艺术设计最基本的一个特点。

浏览联想　　　　　　　联想官方网站　　　　　　获取联想T440
电脑信息　　　　　　　　　　　　　　　　　　　笔记本信息

图 1-3　网页艺术设计的媒体性

1.2.2　技术性

第二个独特性就是在于它的技术性，当提到网页设计时，人们就会想到HTML、CSS、Div、Photoshop、Flash、ASP.net、JSP、JQuery 等（如图 1-4 所示），这些实际上都是网页设计与制作的一些关键技术，为网站前端开发提供了技术支持。在一个完整的网页中，往往需要综合动画、视频、图形、图像、文字等网页设计元素，这些都是一些技术的综合表现。这些技术为网页创意设计提供了支撑和具体的实现方式。

图 1-4　网页艺术设计所需工具软件

1.2.3　艺术性

第三个独特性在于网页艺术设计的艺术性（如图 1-5 所示），以前人们往往认为网页设计与制作是工程师的事情，实际上它应该是设计师的工作。网页设计与制作也要遵循艺术的一般规律，目前已经发展成为一种独立的艺术，具有了自身的艺术语言，并且在实践中逐渐成熟起来。网页数字风格的形成其实也是网页本体语言的一个诞生，并且影响到其他视觉艺术门类的表现风格。

图 1-5　网页艺术设计的艺术性

1.2.4 交互性

让应用界面同用户真正产生关联的应该是交互,其交互性构成如图 1-6 所示,它是沟通的桥梁。真正优秀的交互是润物细无声的,它可以不明显,可以很微妙,但是一定要自然,并且为用户产生效用。从最简单的提醒,到复杂而漂亮的弹出框;从显而易见的操控界面,到微妙的回弹微交互,交互设计界定了人和机器之间的逻辑关系,将界面、动效、内容、操作串联到一起。现在,设计师们更加注重统一的交互设计,也关心如何将微交互和动效充分地结合到一起,在新的网页设计趋势里,这也是人们所关注的重点。

图 1-6　网页艺术设计的交互性

1.3　网页艺术设计的构成要素

网页艺术设计主要有 5 个方面的构成要素,第一是文字,第二是图形图像,第三是色彩,第四是多媒体元素,第五是这些元素综合的摆布和排列,也就是网页的版式。这 5 个要素是网页艺术设计的主要内容和着力点。

微课
网页艺术设计的
构成要素

1.3.1 文字

网页中的文字元素(如图 1-7 所示)作为信息传达的主要手段,也是网页艺术设计的一个主体,是其中不可缺少的元素,文字除了表达信息内容之外,还具有传达感情的功能,因此必须在视觉上有美感,才能给人美好的印象及良好的心理反应。

图 1-7　网页中的文字元素

1.3.2 图形图像

图形图像必须完全符合网页的主题，并以创新的构思和强烈的个性，来使主题与表现两者较好的统一，以利于信息的传达。图片的位置、面积、数量、形式、方向等直接关系到网页的视觉传达。在图文混排时，要注意统一、悦目、重点突出，特别是在处理和相关文字编排在一起的图片时，应考虑图片在整体规划中的作用，达到和谐整齐，网页中的图像元素排布如图 1-8 所示。

图 1-8　网页中的图像元素

1.3.3 色彩

人们在浏览网页时，留下的第一印象通常就是页面的色彩设计，它的好坏直接影响浏览者的观赏兴趣。在网页设计领域，彩色的网页往往要胜于单色的网页。网页也是一种艺术品，因为它既要求文字的优美流畅，又要求页面的新颖、整洁，适当使用色彩可以产生强烈的视觉效果，使页面更加生动、富有感染力，网页中色彩元素的体现如图 1-9 所示。

图 1-9　网页中的色彩元素

1.3.4 多媒体

网页中的多媒体元素（如图 1-10 所示）能够在很大程度上增强网页对浏览者的吸引力。浏览者希望在网上看到更具创造性、吸引力和情趣的网页，多媒体元素正是实现这一目标的重要手段。网页中所涉及的多媒体元素主要是音频、视频和动画等，这些元素的合理使用使网页更加灵动。

图 1-10 网页中的多媒体元素

1.3.5 版式

网页版式设计（如图 1-11 所示）是技术性与艺术性的高度统一，是视觉传达的重要手段，是网页艺术设计的重要组成部分。版式实际上就是网页内容的布局，它是指将文字、图形等视觉元素进行合理的组合配置，使页面整体的视觉效果美观而易读，便于理解，更好地实现信息传达的最佳效果。

许多网页能够吸引浏览者，并不是仅仅依赖几张引人注目的图片或噱头式的标题，而是靠成功的版式设计。好的版式首先能以清晰的视觉导向使浏览者对网页内容一目了然，其次又以巧妙的图文配置使浏览者获得赏心悦目的视觉感受。

图 1-11 网页版式

1.4 网页设计的基本流程

网页设计的基本工作流程是什么样的？是不是能够熟练操作几种设计软件就可以设计出理想的网页呢？对于网页设计的认识，不能只停留在网页制作的层面上，不是能用好几个网页制作软件就可以达到网页设计的高水准的。网页设计是一个感性思考和理性分析相结合的产物，取决于客户的需求，必须围绕着网页的主题，发挥创意思维，构思出与众不同的网站效果，最后才是用网页制作软件来进行具体实现。网页设计最重要的地方，并不是软件的使用，而是对网页主题的理解以及美工艺术设计的领悟上，在于对美感和页面的把握上。较规范的企业内部网页设计的基本流程如图 1-12 所示。

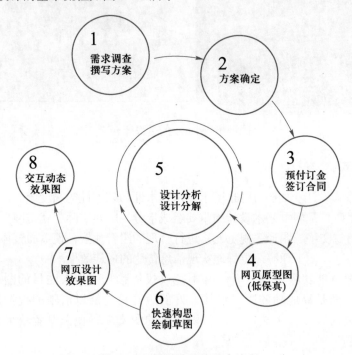

图 1-12 网页设计的基本流程

1.4.1 确定网站主题

在网页设计的初期，根据服务对象的不同确定网站主题以及网页风格是关键。网络上每一个用户都有不同的需求，上网的硬件配置环境也各不相同，因此要想建立一个让每一个人都满意的网站是不可能的，所以，在建站的初期就要做相应的需求调查，确定网站服务的目标人群，对网站进行定位，尽可能地做到有的放矢。网站的性质不同，设计的主题和功能也会有所不同。网站的性质可以分成以下 3 类。第 1 类是信息类网站，像搜狐、新浪、网易等门户网站，以及赶集网、58 同城等信息展示型网站，这类网站更多的是要求可用性好，导航、结构清晰，布局架构清晰简洁，注重页面的分割、优化以及界面的亲和力等。第 2 类是形象类网站，比如一些企事业单位或公司的网站，它的主要任务就是要突出企业的形象。这类网站就要求有更好的艺术表现力，创造良好的氛围，有吸引人的图片和文字，能够起到营销的作用，页面效果要丰富。第 3 类网站是信息和形象综合的网站，像一些大的企业、高校等。这类网站既要有良好的信息分类、布局展示，又要有展示企事业单位文化形象的功能。网页设计前期工作的具体流程如下。

（1）项目需求调研

在网站建设的初级阶段，由专业的项目经理与客户进行直接的交流，了解服务对象的具体要求，双方就网站建设内容进行协商、交流、修改达成共识，确定网站的主题，撰写制定网站的建设方案。

（2）签订网站建设合同

双方确定建设细节及价格，双方即可签订网站建设合同。客户支付预付款，客户提供网站建设的相关内容资料。

1.4.2 根据需求分析绘制原型图

网站的初步方案确定以后，就可以进入到具体的建设阶段，在该阶段中由项目经理统筹，需要多个部门人员分工合作共同完成。

在进行了前期的用户研究和市场调查后，网站规划是网站开发必不可少的一环，直接关系到整个网站的整体风格、布局结构等，规划内容包括颜色风格倾向、网站栏目设置、结构布局及功能实现等。目前大多数网站缺乏灵魂，主旨松散、混乱，原因就在于缺乏策划。在建立企业网站时，网站策划是网站建设较重要的环节，但通常也是最容易被企业忽视的环节。

产品部门规划一个网站时，可以用树状结构先把每个页面的内容大纲列出来，尤其当制作一个很大的网站时，特别需要把这个架构规划好，也要考虑到扩充性，免得做好以后修改不方便，费时费力。大纲列出来后，还须考虑每个页面之间的链接关系，是星形、树形还是网形链接，链接关系的好坏是判别一个网站优劣的重要标志。链接混乱、层次不清的站点会导致浏览困难，影响信息的传递。

产品经理（Product Manager，PM）在头脑风暴之后，优化思维脑图，然后出草图，可以用 Axure 或者 Visio（APP 设计工具）来画草图（也可称之为低保真原型图），如图 1-13 所示，在这个低保真原型图中，产品经理需要一一罗列功能点，

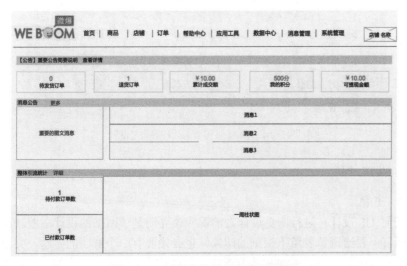

图 1-13　网页设计的低保真原型图

交互细节可以不必提及，完成后主动找交互设计师进行沟通交流，要耐心地将各个功能点向交互设计师描述清楚。交互设计师了解这些功能点之后，会根据自己的理解和专业能力的感知，来进行低保真原型图版式设计，如图 1-14 所示。设计师将低保真原型版式设计出来之后，产品经理应主动与交互设计师沟通，看看是否有需要修改的地方，对功能的理解一定不能有出入，产品经理还应该把关一些功能细节，对某些交互细节应该提出自己的意见，换位思考，理解交互的设计含义。耐心与责任心在这个时候显得尤为重要。统一方案后，就可以进行后续设计了。

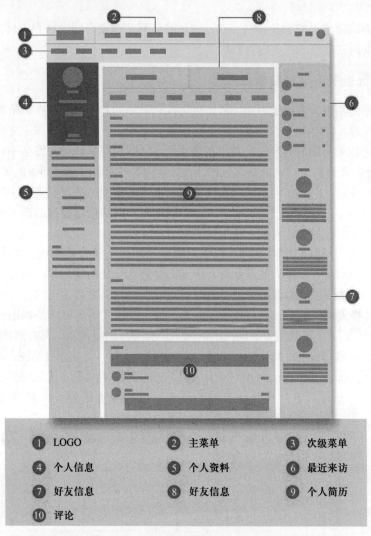

图 1-14　网页低保真原型图版式设计

1.4.3　设计分析

1. 主题

任何 UI 设计在进行网页设计之前都应该弄清楚该网站的设计主题。而对于网站而言，要给浏览者留下深刻的印象，也必须要有一个鲜明的主题，突出自己的个性和特色，在内容的深和精上下功夫。设计师可以从一个小的创意点入手，进行发挥创造。如网站所要表达的情感和气氛是什么？是属于什么类型的网站？需要突出怎样的特点？弄清楚了这些问题，网站设计的主题也就有了明确的方向。

2. 关键词联想及排版预想

根据确定好的主题后，可根据主题进行关键词联想，列出所有与主题相关的关键词，写下来并找出关键词之间的联系。

完成关键词联想后设计师就可以搭建框架了，设计主题将以什么样的形式出现？排版时应保留哪些特征？文字内容应该如何摆放？如何梳理几块内容的层次？这些都是在排版预想中需要考虑到的问题。

3. 整理素材

大致理清思路后，就可以将现有的素材进行归纳，整理出对网站设计有所帮助的素材。对于网页设计来说，完全符合要求的素材并不多，许多时候设计师需要学会在原有素材的基础上进行再创造。

4. 总结

通过对主题、内容、素材的了解，有了大概构思，现阶段需要大致拟定的主题、内容结合现有素材开展设计，明确思路并保证分工合理。

1.4.4 设计分解

每一款网页设计在做设计分解时，都要了解清楚要解决什么问题。许多时候只要把设计拆分成一个个步骤，问题也就迎刃而解了。设计分解的每一步都必须明确，如要解决什么问题？如何解决问题？通过什么样的形式解决问题？具体来说，包括解决如何搭框架，如何摆放文字和图片，以及通过什么样的形式进行整体布局的问题。这也就是循序渐进解决问题的过程。

1.4.5 快速构思创意并绘制草图

在将大量的时间和精力投入到某个方案之前，用户界面（User Interface，UI）设计师需要将构思的创意通过草图呈现给产品经理，得到方向上的认可。

画草图可以迅速地构建插图的基本元素。在网页设计中，通过画草图可以快速地进行布局，可以将想法简略地勾画出来，能够节省很多时间。虽然在计算机上也可以画草图，但在纸上描绘头脑中的想法要快得多。这是在进行电脑制作前非常重要的一步。

1.4.6 网页设计效果图

在绘制完草图之后，输入产品资料后就可以设计网页效果图了，网页效果图设计包括 Logo、标准色彩、标准字、导航条和首页布局等。可以使用 Photoshop 或 Fireworks 软件来具体设计网站的图像。有经验的网页设计者，通常会在使用网页制作工具制作网页前，设计好网页的整体布局，这样在具体设计过程中将会胸有成竹，不容易出现错误或返工的情况，从而大大节省工作时间，网页设计效果图如图 1-15 所示。

图 1-15 网页设计效果图

1.4.7 交互动态效果图

在网页设计中，为了烘托网站的整体氛围，增强与用户之间的互动，往往通过交互式动态效果的方式呈现给消费者不一样的视觉体验，这种别出心裁的动态设计使页面跳转更加生动，强化了用户体验，往往成为一个网站的点睛之处。这也是网页前端开发前的最后一个步骤。

1.4.8 案例分解

接下来以最常见的游戏"充值"活动网页为例，来进行实际网页设计操作，看看一个完整的网页设计的具体操作步骤。

1. 需求分析绘制原型图

这是酷游网的充值活动页面，通过酷游充值平台充值，金额最多的前10名，可以获得丰富奖励。根据网页需求绘制出酷游网网页原型图，如图1-16所示。

图 1-16 酷游网网页原型图

与产品部门沟通交流，产品部门提出设计要求。包括在页面中出现部分游戏人物；视觉冲击力强且创意独特；营造到处都是礼品、礼包的氛围。

2. 设计分析

① 主题。根据网页设计的需求，将网页设计的主题确定为"夏季大狂欢，好礼送不停"。运用头脑风暴的方法，列出与主题相关的关键词。

② 关键词联想。通过确定好的"夏季大狂欢，好礼送不停"主题，联想出了下列关键词，关键词联想如图 1-17 所示。

③ 现有素材。在本次酷游充值页面的设计中，游戏人物、金币、手机可以照搬原有素材；蓝天白云、现金券、大礼包需在原有素材基础上再设计，其余所有素材都需要重新创作。

图 1-17　关键词联想

3. 设计分解

从目前搜索到的关键词及素材，现在需要将设计做出以下拆分。

① 营造清凉夏日的整体氛围。通过蓝天白云、椰树、海岛、冷色调等设计元素来表现休闲、舒适、清凉的气氛。

② 视觉焦点集中在海岛。页面以海岛作为第一视觉焦点，并将主题与海岛巧妙结合，让用户反复关注本次活动主题。

③ 版面的空与满。版面设计需有空有满，合理利用黄金分割点的设计原理，打造版面的整体平衡。

④ 色彩的冷与暖。大面积的使用冷色调的同时，需要用小块面的暖色调做点缀，同时也烘托了主题。

4. 快速创意绘制草图

根据列出的相关内容，可以想象下大概的场景。"一个小岛，漂浮在海面上，在炎热的夏天，给人很清凉的感觉；小岛上面一个大大的、装得满满的礼包；横跨岛中心的礼包周围散布着手机、Q 币、宝箱等礼物……"快速创意绘制草图如图 1-18 所示。

图 1-18　快速创意绘制草图

5. 网页设计效果图

参照草图画出海岛、礼袋、海水等基本元素，可在此基础上进行细节刻画，如加上小溪、椰树、白云等元素，使主题形象更加精致与生动，效果图如图 1-19 所示。

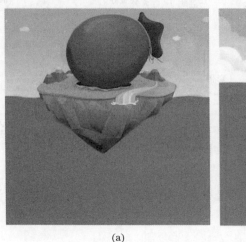

(a)　　　　　　　　　　　　　　　　　　(b)

图 1-19　网页设计效果图

完成基本图形元素后，就可以添加道具、宝箱、金币、游戏人物等元素营造奖品遍地的热闹气氛。下一步就是将相应的文字内容添加到相应的区域，由于网页的整体风格是卡通类型，因此在字体的选择上应该选择相对活泼的字体，如图 1-20 所示。

最后将细节进行一些细微改动，一幅高保真效果图就完成了，如图 1-21 所示。

图 1-20　添加文字内容效果图　　　　　图 1-21　高保真效果图

1.5　优秀网站鉴赏

1.5.1　电商类网站

　　Leodis 啤酒网站（如图 1-22 所示），这个网站深得扁平化设计理念的精髓，几乎上升到一个全新的境界。漂亮的图片被置于简约的排版中，引人入胜。令网站真正与众不同的是它的配色，强烈的对比令网站的色彩不再"扁平"，这种错落的布局令人着迷。

图 1-22　Leodis 啤酒网站

1.5.2 企业类网站

Adidas 设计工作室网站（如图 1-23 所示）用了各种技巧处理鲜明的大尺寸图片。页面上方采用悬停菜单，下方使用导入按钮进行翻页。

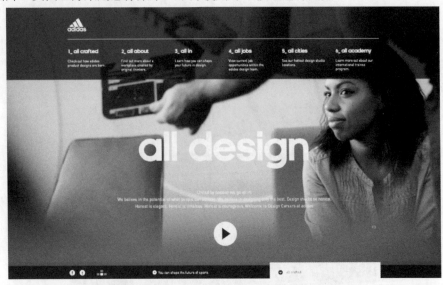

(a)

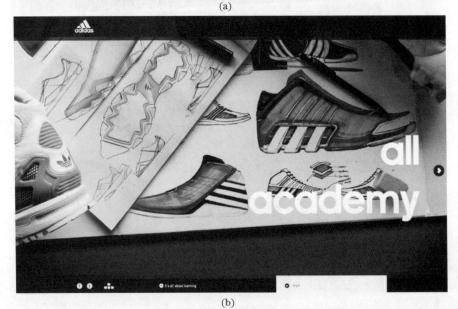

(b)

图 1-23 Adidas 设计工作室网站

全屏背景实际上链接到一段视频，采用滚动操作还有视觉差效果，引导用户浏览整个产品线和相关信息。清晰的图片搭配同样清晰的文字。通过一种温和的方式，用颜色构建了视觉的层次。

乐事薯片官方网站如图 1-24 所示。该网站以产品图片及产品原料作为主体形象，让用户在第一时间对产品有初步的了解。网站背景模拟了桌面的肌理及色彩，高饱和度的产品外包装在背景的承托下显得尤为突出，强化了用户对产品的关注度，成为整个网站的第一视觉焦点。

图 1-24　乐事薯片官方网站

Golden 葡萄酒官方网站如图 1-25 所示，在网站顶端的中心位置是网站的 Logo，虽然与背景处于同一色调，但金色边框的细节设计让 Logo 脱颖而出。网页背景为风格怀旧的木桶纹理图案，起到了烘托整体氛围的作用。

图 1-25　Golden 葡萄酒官方网站

1.5.3　文化教育类

NAVER 网站是一个有趣的文化教育类网站（如图 1-26 所示），一方面是因为网站是以教育软件为主题，另一方面是因为网站借助大量的静态图片和动态图像来创建出游戏般的交互体验。

图 1-26　文化教育类网站

1.5.4　休闲生活类

Quatrofolhas 食品网站（如图 1-27 所示）采用极简设计风格，使用漂亮的大图背景吸引用户，全屏式的交互式展示堪称完美，加载迅速，鼠标移动的时候新鲜食材图像会随之三维立体进行移动，背景音乐采用大自然的鸟鸣声，营造出来鸟语花香的自然氛围，并且切换的节奏都控制得非常好。网站导航栏被挪到屏幕底部，这使得网站的浏览体验更好。随着页面滚动，导航栏会自然地移动到页面顶部。网站设计层次清晰，也保持着一定的复杂度。

希尔顿酒店官方网站（如图 1-28 所示），网站 Banner 选用了特点的场景图片，并运用了灰色调与背景颜色融为一体，左上角的 Hilton 酒店 Logo 清晰醒目。网站的主体信息部分则以区块划分的形式展现，配上高饱和度的休闲场景图片，拉开了与背景的前后关系。

图 1-27　quatrofolhas 食品网站

图 1-28　希尔顿酒店官方网站

1.5.5 旅游类网站

Journeylist 旅游网站（如图 1-29 所示）向公众展示旅游信息的平台，向广大用户提供旅游景点、旅游指南、住宿信息、交通情况等信息，提供在线预订和自定义旅程的功能。网页设计干净清爽，摒弃过多的修饰，将旅游线路、实时信息融入网页中来，形成身临其境、简单自然的效果。

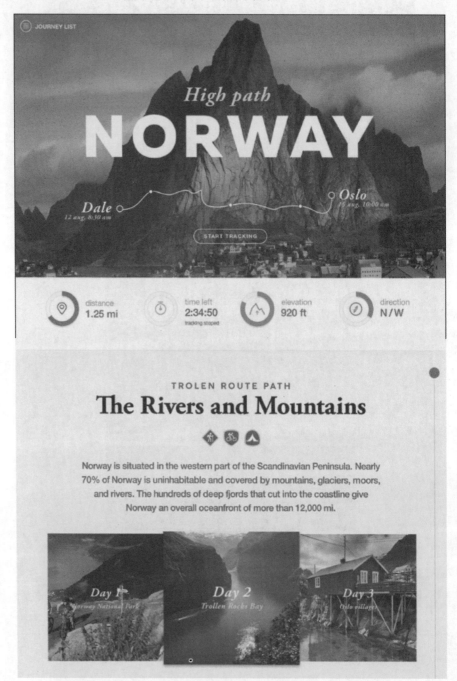

图 1-29　Journeylist 旅游网站

　　韩国堤川文化旅游景区网站（如图 1-30 所示），该网站集艺术性、功能性于一体，进入网站仿佛置身于山水之中，给人自然清新的感觉，图片编排错落有致，网站 Logo 是以绿色、蓝色、橙色为主，整体是一片叶子的形状，中心是一个人的形状，仿佛一个人张开了双臂在拥抱大自然，设计构思独特新颖。网站整体功能丰富，布局合理。

图 1-30　韩国堤川文化旅游景区网站

1.5.6　科技类网站

　　HTC 数码通信网站（如图 1-31 所示），简单大气的下拉式 HTC 网站，网页设计简洁大气时尚，没有多余的修饰，看起来干净清爽；版式内容上以展示和介绍产品为主，能瞬间抓住人们的视线。

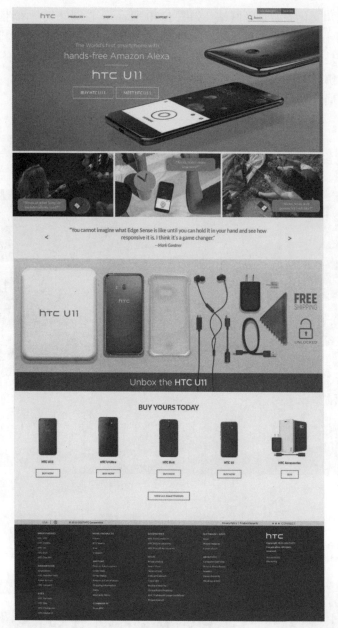

图 1-31　HTC 数码通信网站

1.6　小结

网页设计的工作目标，是通过使用合理的色彩、文字、图形图像、版式进行页面设计美化。根据网站的定位，在功能限定的情况下，尽可能给予用户完美的视觉体验。本章系统地介绍了网页艺术设计的特点、构成要素等基本理论知识，并通过实例讲解了网页设计的基本流程以及操作步骤，并对常见的网站类型进行分类鉴赏。

第2章
网站用户体验

学习目标

【知识目标】

- 认识用户体验对网站设计的作用
- 了解用户体验的概念
- 掌握用户体验的构成要素

【能力目标】

- 能够对网页作品进行用户体验分析
- 掌握网站用户体验的优化方法
- 能够根据用户体验对网站进行改进

作为一个新的用户,在访问一个新的网站的时候,如果光是打开它就需要 5 s 以上的时间,你还会继续使用吗?网站的访问速度过慢的话,那么就算网站做得再好,肯定会被第一时间关掉,而这样有可能就造成一个客户的流失。如果一个网站整体色调让人产生厌烦的感觉,那么作为访问者,肯定也会第一时间关掉它。如果一个网站的导航不清晰,用户访问网站的时候,半天都找不到明确的导航,很显然这个网站就做得比较失败了。这些网站不足的地方归根到底都是没有充分为用户考虑,用户体验不够好。

设计师在做网页设计的时候要多站在浏览者的角度,要有敏锐的观察力,多思考一些如下的问题。

> 网站的用户体验表现在哪些方面?
> 用户想从网站得到的具体是什么?
> 我能提供他们需要的内容吗?
> 如何提升一个网站的用户体验?

2.1　网站用户体验基础

讲到用户体验,不得不提乔布斯和苹果公司。大家可能都见到过这样的场景,成千上万的人露宿街头,为了去购买苹果的 iPhone 等新产品。那么是什么让客户对其产品趋之若鹜呢?毋庸置疑,优秀的客户体验是居于首位的原因。

乔布斯走过了传奇的一生。他将图形界面和鼠标引入个人计算机,使个人计算机走向普及;打造了 iPod 播放器和 iTunes 商店,改变了音乐的传播方式;带来革命性的产品 iPhone,重新定义了手机;他推出的 iPad 开创了平板电脑时代。仅有技术创新还远远不够,善于把握和培养用户需求,并围绕用户需求进行技术、理念和商业模式全方位的创新,才是获得真正成功的关键所在。

绝大多数公司的核心能力往往体现在产品的研发上,而苹果公司的研发团队是一支客户体验的设计研发团队。乔布斯自己就是其中的首席研发师。苹果的客户体验设计更多的是基于乔布斯和设计精英对于客户的洞察力而来。对客户体验的升级,建立在对现有体验的充分分析的基础上。苹果采用的是客户体验升级模式,更简洁的设计、更友好的用户界面、更方便的使用场景、更为高雅的外观和更为舒适尊贵的持有感等——这些构成了更好的用户体验。

当产品能够调动消费者的情感时,需求自然而然地产生,基于情感的多样性和复杂性,这种需求成为具有唯一性的需求,这种产品也成为了最具差异化的产品。爱立信实验室在对全球 iPhone 用户的调研中发现:70%以上的 iPhone 用户认为,iPhone 是个性、时尚且前卫的群体的标识。用户在选择其他手机或 IT 产品时是在购买功能,而在购买苹果公司的产品时,用户是在为自己的情感共鸣和自我实现付费。

产品是客户体验的首要载体。在 iPhone 之前,业界对于手机的想象力到了一个极限,但 iPhone 给了大家全新的震撼。在苹果公司的精英创造出具备优秀客户体验的产品原型后,苹果公司并不像很多企业一样根据生产可能性调整产品,而是更多的采用最新技术和创造出新的生产方法来满足用户体验的需求。如客户所熟知的多点触摸技术、重力感应系统，甚至 USB 和 WIFI 技术在手机上的应用都是在苹果的产品上率先使用的。为实现更好的客户体验，苹果对细节的关注同样近乎苛刻。所有的产品上只有线条，而没有缝隙，甚至没有任何可见的螺丝，这就是质量和优雅的客户体验基础。

客户体验的基础是围绕产品端到端的全面解决之道。回想一下用户使用许多运营商服务的可怕经历吧，各类计费和宣传陷阱，永远看不懂的话单，忽然增加或减少的数据服务，病毒木马等各种奇怪的问题。而苹果公司在美国推出的服务中，套餐是根据客户使用情况设定好的。剩下的就是点几下鼠标购买资源了。终端、资费、音乐、广播、电视、电影、游戏、应用、照片管理，苹果公司都提供了一站式服务，整个使用流程变得简单和美好了。

2.2　用户体验的概念

微课
用户体验的概念

关于用户体验（User Experience，UX），国际标准 ISO 9241-210：2010 中定义为"人们对于使用或期望使用的产品、系统或者服务的认知印象和回应"。因此，用户体验实际上是一种在用户使用产品过程中建立起来的纯主观感受。

"用户""过程中"和"主观感受"，这 3 个关键词就构成了用户体验的核心。

对于不同的目标用户来说，"好的用户体验"的定义是不同的。所以如果脱离了用户，是无法评价一个产品的用户体验的。可能很多人都认为设计师应该将产品做得尽量的"简单"，最好是用户不需要学习就能"自然的"使用。这个原则可能对于大部分面向大众的产品来说，是对的。但是在另外一些情况下就不一定了。例如，美图秀秀和 Photoshop 都可以处理图片，两者的使用界面如图 2-1 所示，但是它们的用户体验哪个好，哪个不好呢？

图 2-1　美图秀秀和 Photoshop 使用界面

美图秀秀的目标用户，可能是一些普通的用户。一个典型用户场景，是用手机自拍，希望把自己变得更"美"一些，然后发到朋友圈上面去。大部分人估计并没学过设计或者美术，可能也不太懂摄影，但是美图秀秀可以只通过简单地点按、选择，就能把自己的照片变美，不需要过多的思考，不需要专业知识。所以，在这个场景中，它的"用户体验"是好的。

但 Photoshop 的目标用户，并不是这些普通用户，而是专业的设计师。对于一个专业的设计师来说，"用 Photoshop 工作能够最大限度的帮助设计师表达他们的创意"才是好的用户体验。为了做到这一点，专业的设计师并不介意去深入地学习这个软件的使用方法。从"易用性"来看，Photoshop 显然不够易用，但对于专业设计师来说，它的体验就非常好。

"过程中"这个关键词表示，在设计用户体验的时候，需要考虑用户所处的环境和使用场景（如图 2-2 所示）。

图 2-2　用户所处的环境和使用场景

人们使用电脑时的环境大部分是相对稳定的环境，如办公室、家里、咖啡馆等。但是使用手机的环境就不一定了，有可能在地铁车厢中、电梯中、旅行路上，这就意味着，使用手机的时候可能会伴随晃动、光线变化、网络不稳定等因素。所以在做具体设计的时候，两者会有一些区别。

"主观感受"提示设计师不要浮于表面。一个优秀的产品经理或者设计师，一定会倾听用户的反馈，但绝不会被用户牵着走。他们需要去挖掘用户主观感受背后真正的需求（如图 2-3 所示）。

图 2-3　挖掘用户主观感受背后真正的需求

据说，福特汽车公司的创始人亨利·福特说过一句话："If I had to ask customers what they want, they will tell me: a faster horse."，这句话译为中文，则是

"如果我直接去问顾客他们想要什么，他们会告诉我一匹更快的马"。在网络上，曾经有很多人讨论过这句话，特别是《乔布斯传》出版后，很多人以此为论据试图证明用户研究是没用的，产品设计者主观的"感觉"才是关键。

笔者并不反对"感觉"的重要性，但是其实只要对这句话稍作分析就能看出，福特的客户其实已经清晰的表达出了他们的需求，只不过，重点并不是"horse"（马），而是"faster"（更快的）。而汽车最终超越了它的竞品——马，其中一个重要的因素也的确是"faster"。所以在速度这一点上面，汽车的用户体验是好的。但是否就能说明，马的用户体验不好呢？当然不是，如果到了没有公路崎岖不平的地方，即便还是比速度，十有八九还是马更强一些。

2.3 用户体验的构成要素

网站用户体验主要包含 5 个构成要素，如图 2-4 所示，对于网页产品设计来说，则可以按照从下往上、从抽象到具体的框架来做。

微课
用户体验的构成要素

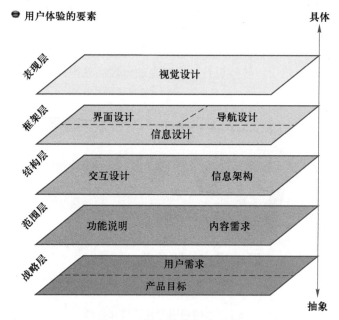

图 2-4 用户体验构成要素

> 战略层：成功的用户体验，其基础是一个被明确表达的"战略"。了解经营者、用户想从网站得到什么，解决两者之间的冲突，找到平衡点，确定产品原则和定位。

> 范围层：在战略的基础上，进行需求采集和需求分析工作，如"我们想要什么""我们的用户想要什么"，确定功能范围和需求优先级，当把用户需求和系统目标转变成系统应该提供给用户什么样的内容和功能时，战略就变成了范围。

> 结构层：在采集完用户需求和确定需求优先级之后，设计团队对于最终界面将会包括什么特性已经有了清楚的认识。然而，这些需求并没有说明如

何将这些分散的片段组成一个整体，接下来就要完成信息架构与交互设计，如设计用户如何到达某个页面，操作完去哪里，为产品创建一个概念结构。

➢ 框架层：在框架层，设计团队要对概念结构进一步细化，进行详细的界面外观设计、导航设计、信息设计，这能让结构变得更实在。

➢ 表现层：表现层是这 5 层的最上层，这里要把内容、功能和美学汇集起来产生一个最终的设计，包含了视觉设计和内容优化，形成一系列的网页。

网站用户体验 5 个构成要素之间关系紧密，是一个由抽象到具体的过程，与网站的具体设计过程相对应，包含了"用户需求→功能说明→交互设计→界面设计→视觉设计"整个过程，每个层面的决定都会影响它上层的选择范围。

微课
网站用户体验的优化

2.4 网站用户体验的优化方法

那么，在具体的设计过程中，除了按照用户体验 5 个构成要素步骤，进行由抽象到具体的设计以外，还要穿插应用一些用户体验优化方法，来对用户体验进行优化。这些优化方法主要包括感官体验优化、交互体验优化、情感体验优化、浏览体验优化、信任体验优化这 5 个方面（如图 2-5 所示）。按照这 5 个方面的优化方法来建构网站用户体验设计，能够更加合理高效地完成基于用户体验的网站设计。

图 2-5 网站用户体验优化构成

好的用户体验对于网站来说非常重要，如果没有把网站用户体验这个细节处理好，直接的后果就是该网站的转化率提不上去，这一现象在电子商务类型网站方面尤为明显。由于每个用户对网站的使用习惯是不一样，功能要求也不一样，网站想要满足所有的用户的体验需求十分不易。对于这样的情况最好是要照顾到最主要目标受众的利益需求，要对自己的受众目标有一个清醒的认识，分析他们的需求行为，进而实现网站用户体验优化的目的。

微课
感官体验优化的方法

2.4.1 感官体验优化的方法

感官体验优化的方法主要有 4 种，即善用底纹、视频背景、404 页面、导航菜单来实现更佳的体验。

1. 善用底纹吸引用户点击操作

图标、按钮、标题等元素都能运用纹理。它能吸引用户对相应元素进行单击操作。最低限度地使用纹理就是将纹理运用在元素上，以便让这些元素区别于网页中的其他元素，引导用户的视线进入设计者预期的下一步。这种方式也可以重点突出网页中的品牌形象，如在 Logo 上使用纹理。这里对 Logo 使用纹理有两种方式：第一是为 Logo 使用纹理而搭配清晰背景，第二是保持清晰 Logo 而运用纹理背景，其应用范例如图 2-6 所示。

图 2-6　纹理背景应用范例

2. 善用视频背景

视频背景是情感和意图描绘的终极体验，其远比图片产生的情感力度更强，视频素材往往能带给人全方位的感官体验，让用户能很快进入到当下情境中，其应用范例如图 2-7 所示。

图 2-7　视频背景应用范例

3. 赏心悦目的 404 页面

404 页面是网页设计的一部分，很多网页设计师会花大量的时间在 404 页面的设计上，因为它能够让网页浏览者在遇到尴尬的时候仍然心情愉悦，当人们偶然遇到一个有创意的 404 页面时（如图 2-8 所示），会感到十分震撼，甚至是赏心悦目，如图 2-8 所示。

4. 独特的导航菜单

学会巧妙运用更具创意的网站导航方案，如下滑、上滑、弹出、图片强调、二级信息分级以及添加动画等都有助于实现令人难忘的浏览体验。

图 2-8 有创意的 404 页面

2.4.2 交互体验优化的方法

1. 避免进入网站就注册

有些网站一打开就要注册才能浏览，认为浏览者会因此而注册成为其用户。不过通常在这种情况下，多数浏览者会选择直接离开（对某产品已非常了解除外）。不知道大家是否有相同体验？面对偶尔注册的网站每天的邮件或推送短信，多数用户都会感觉个人信息被出卖了。也有许多网页为了能够留住一些浏览者，会在非注册的情况下允许其浏览，在需要账户信息时才提醒用户注册或是登录，图 2-9 所示为 Twitter 网页端，其注册页面被布置在页面右端，并不影响浏览者浏览网站内容。

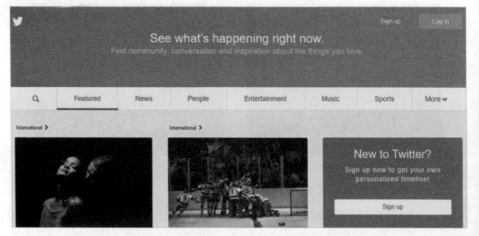

图 2-9 Twitter 网页端

而新浪微博网页端改版前并没考虑到这一点。新浪微博网页端登录界面的改版前和改版后（如图 2-10 和图 2-11 所示），在网站注册这方面上有了很大的改进。

图 2-10 新浪微博网页端改版前

图 2-11 新浪微博网页端改版后

2. 提供第三方快捷登录

有时候使用网页时,用户想快捷地登录。采用第三方授权登录的方式非常高效,避免用户产生厌烦情绪。在这方面做得比较到位的网页如花瓣网等,其第三方快捷登录页面如图 2-12 所示。

图 2-12 花瓣网第三方快捷登录页面

3. 避免信息重复填写

想必大家都经历过，注册某网页时被要求填写邮箱地址两次或重复输入密码。其实这个流程大可不必。因为用户大多会记得自己常用的邮箱和密码。若邮箱或密码输入有误时可实时反馈，填写两次反而容易导致用户流失。

4. 科学、友好、及时的提示

想必大家都知道注册/登录时提示的重要性，图 2-13 是 Twitter 手机客户端和豆瓣客户端登录页。Twitter 点击密码输入框时就有相应的提示，减少了出错的可能；而豆瓣是无提示的，直到提交时才弹出错误提示，错误提示时间也相对较短。

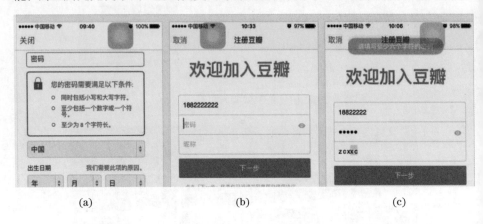

（a）   （b）   （c）

图 2-13   科学友好的提示

实时验证会给用户及时的提醒，减少用户在最后提交时报错带来的挫败感。Twitter 在注册时要求输入用户名并进行手机号码有效性的验证，图 2-14 为 Twitter 登录页面，当输入有误时，界面会在刚开始出现错误的时候就及时提醒。

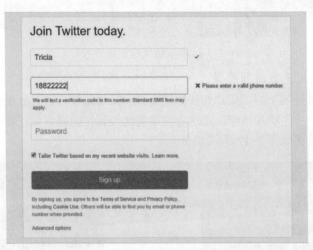

图 2-14   及时的错误提示

5. 高效的意见反馈

开发者可以对用户反馈的问题通过标签功能进行归类，如将问题分为需求类、bug 类、活动类、账号类等，做结构化整理，或提供文字、截图等富媒体反馈形式。为了让用户反馈流程更便捷、内容更加丰富，图 2-15 为花瓣网的用户反馈页面，页面的每一条问题或意见都及时给出了反馈，让用户有一种被重视的感觉。

图 2-15 高效的意见反馈

2.4.3 浏览体验优化的方法

1. 栏目的划分

划分栏目和版块的实质是要给网站建设一个大纲索引，索引应该将网站的主题明确显示出来。在制定栏目的时候，这些要仔细考虑，合理安排。栏目的命名，与栏目内容准确相关，简洁清晰，不宜过于深奥；栏目的层级，最多不超过三层，导航清晰；同一栏目下，不同分类区隔清晰，不要互相包含混淆。

2. 合理设计页面内容

设计师往往在主页（而不是所有其他页面）的设计和再设计上投入了大把的时间和精力。但是很有可能大多数用户完全不会看主页。网站的营销和社交媒体宣传内容很可能把访客直接引导到其他登录页。

当然设计精良的主页也是必不可少的，但不能因为在主页上投入了太多时间和精力就牺牲其他重要内部页面的用户体验。多去分析了解用户实际进入网站的位置，然后想办法让这些页面做到最佳。

3. 合理运用文字

网站与网站访客沟通的主要方式是什么？网站的内容中文字占比是多少？图像、音频或视频的占比又是多少？网站上用文字本没有错，只不过用户可能不会去读罢了。除非网站的唯一作用就是提供文字文档，否则就应该思考如何以其他形式提供内容。根据科学家对人脑的研究显示，人在听别人说话时脑部活动会与说话者同步。听的人与说的人脑部同步率越高，听的人理解内容的透彻程度就会越高。所以说，要多使用音频或视频，不要单纯依赖于文字。

微课
浏览体验优化的
方法

在文字排列和字体选择上也尤为重要，标题与正文明显区隔，段落清晰，采用易于阅读的字体，避免文字过小或过密造成的阅读障碍。

4. 语言版本与快速通道

为面向不同国家的客户提供不同语言的浏览版本，这在门户类网站中尤为常见。在浏览网页时，部分用户具有明确的浏览目的，快速通道的设置为有明确目的的用户提供快速入口，大大地提高了用户的使用效率，在服务类网站中设置快速通道能更加凸显其功能。图 2-16 为深圳市公安局出入境便民网，该网站为服务类网站，在网站右侧，设置了多种不同类别的快速通道，让用户在第一时间就能找到解决方案。

图 2-16 深圳市公安局出入境便民网

2.4.4 情感体验优化的方法

1. 加强用户对网页层次的定位

一个产品能获得用户的青睐不仅要有强烈的需求、优秀的体验，更主要的是让产品与用户之间有情感上的交流，有时对细节的巧妙设计将会极大的加强用户对产品气质的定位，产品不再是一个由代码组成的冷冰冰的应用程序，拉近了与用户的情感距离。

2. 细节提示化解负面的情绪

情感化设计的目标是让产品与用户在情感上产生交流从而产生积极的情绪。这种积极的情绪可以加强用户对产品的认同感甚至还可以提高用户对使用产品产生困难时的容忍能力。注册登录是让用户很头疼的流程，它的出现让用户不能直接地使用产品，所以在注册和登录的过程中很容易造成用户的流失。巧妙地运用情感化设计可以缓解用户的负面情绪。

微课
情感体验优化的方法

在 Betterment 网站的注册流程页面（如图 2-17 所示）中，在用户输入完出生年月日后，会在时间下方显示下次生日的日期，一个小小的关怀马上就让枯燥的注册流程有了惊喜。

在 Readme 网站的登录页面（如图 2-18 所示）上输入密码时，上面萌萌的猫头鹰会遮住自己的眼睛，在输入密码的过程中给用户传递了安全感。让这个阻挡用户直接体验产品的"墙"变得更有关怀感，用"卖萌"的形象来减少用户在登录时等待的负面情绪。

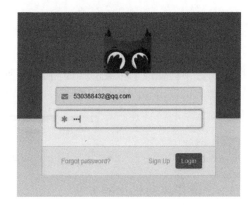

图 2-17 Betterment 网站的注册流程页面　　图 2-18 Readme 网站的登录页面

Basecamp 网站则运用了一个更拟人的情感化方式在注册之中，当用户在表单中输入文字是正确的内容时，边上的卡通人物会露出开心的表情，当表单中输入错误时，小人的脸将变成一脸惊讶，如图 2-19 所示。

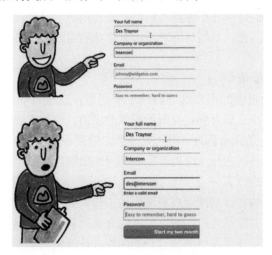

图 2-19 Basecamp 网页的登录页面

3. 用产品引导用户的情绪

在一些流程中，可以使用一些情感化的表现形式能对用户的操作提供鼓励、引导与帮助。用这些情感化设计抓住用户的注意力，诱发那些有意识或者无意识的行为。在 Turntable.fm 中的订阅模式中有一个滑块，用户付多少钱决定了猴子欣喜若狂的程度。在涉及真金白银的操作中，给用户卖个萌也许有奇效，如图 2-20 所示。

图 2-20 Turntable.fm 中的订阅模式

在 Chrome 浏览器的 Android 版中,当用户打开了太多的标签卡,标签卡图标上的数字会变成一个笑脸(如图 2-21 所示)。这些细微的变化可以更好地对用户的操作进行引导。

www.incidentalcomics.com/2013/11/a

图 2-21 Chrome 浏览器标签卡

微课
信任体验优化的方法

2.4.5 信任体验优化的方法

1. 站在用户一边

开发一款贴心的产品会让人们的选择过程更加舒服,带来更好的整体体验。曾经有一份调查显示,有 68%的用户放弃一款产品是因为感觉开发者不够用心,但作为开发者,笔者知道这并不是真实情况。

判断用户体验的好坏并不困难,只要开发者用心,对自己够诚实,站在用户一边,设身处地想一想,当用户下班后拖着疲惫的身躯,更愿意单击页面上的哪个元素呢?

2. 快速表现价值

每个来到登录页面的用户都会问同一个问题:这个页面能给我带来什么好处?网站需要让用户立刻看到自身所能提供的价值。使用显眼的标题说明所能提供的内容,以及与竞争对手的不同之处在哪。但是不要太过于强调"本身",否则可能会让用户反感而离开。应当着重强调网站如何满足用户的需求。

3. 展示客户的荐言

展示过往客户的好评是向用户表现你值得信赖的最好方式。荐言是展示正面口碑的好方法。可以跟踪客户在网上留下的有关产品的意见建议,或者直接请他们留下推荐。还可以在荐言中添加客户的照片,让其他人觉得更真实。如果用户对其他人的荐言深有同感,他们就会信赖你的产品。

4. 巧妙"利用"社交网站

社交网站上有关产品的分享是用户信赖和兴趣的一个绝佳指标。使用社交媒体的分享次数可以建立他人对产品的信赖感。同时,可以在设置社交网站分享途径,与已经具有影响力的社交网站建立合作关系,同时让用户对该网站产生连带信任感。

5. 表现出自己重视用户隐私

一定要让用户知道网站会采取一切必要措施保护他们的隐私。加入隐私政策和服务条款链接，这样可以让用户更加信赖。如果网站的登录页面的目的是增加订阅人数，那就应当说明之后给订阅者发送信息的频次、不会发送垃圾邮件，并且他们可以随时退订。如果登录页面需要让用户购买东西，则应当加入有关第三方认证的信息。

6. 不要使用容易误导用户的口号

假设用户在自己收藏夹中的某个网站上看到"买一送一"的活动。这时打开店铺，正准备往购物车里放东西，却突然发现活动只有每月第二个周四才有效。这时用户就会感到受骗上当，失望地离开。这一点对于登录页面同样适用，如果口号是"立即下载"，那就不要把用户引导到另外一个页面让他们新建账户才能下载。

2.5　用户体验训练

任务 1　寻找优秀网站用户体验

在本课程进行期间每天花 5 min 寻找周围生活中好的用户体验的网站或者事物，体会它们的特点及相关性。例如下面这个网站为 Sohpia 化妆品官网（如图 2-22 所示），寻找它的用户体验方面的优点。

图 2-22　任务范例

要求如下。

① 感官体验方面：能够针对目标客户的审美喜好，确定网站的总体设计风格。页面布局重点突出，主次分明，图文并茂。页面色彩与整体形象相统一，主色调和辅助色相得益彰。页面导航清晰明了、突出，层级分明。

② 交互体验方面：网站的各种互动顺畅，包括查询和提交信息顺畅，有恰

当的帮助指引等。

③ 浏览体验方面：页面栏目内容准确、丰富，简洁清晰，每一个栏目有足够的信息量，信息的编写方式适合用户的需要，简洁明了。信息的搜索便于用户查找到所需内容。为有明确目的的用户提供快速的通道入口。

④ 情感体验方面：将用户进行细分，为不同用户提供个性化服务。对于每一个操作进行友好提示，增加用户的亲和度。提供便利的会员交流功能，增进会员感情。定期进行反馈跟踪，提高用户满意度。

⑤ 信任体验方面：公司介绍提供真实可靠的信息发布。将公司的服务保障清晰列出，增强用户信任。提供准确的地址、电话等信息，便于联系。

任务 2　根据用户体验进行网站修改

针对用户体验不好的网站，例如下面这个网站（任务 2 范例如图 2-23 所示），寻找它的缺点，并进行相应的修改，达到提高用户体验的目的。

很多细节都会让用户在某个网站中得到不太好的体验，也就降低了用户的好感度。例如"想找的找不到、找到了不能点、点进去了出不来、出来了下次又找不到""页面设计缺少层次感，缺少视觉冲击力和亮点"。下面请列举出该网站用户体验不好的地方，并加以改进。

图 2-23　任务 2 范例

2.6　小结

用户体验是能够触发用户情感的主要因素，好的用户体验可以激发用户的正向反馈，比如购买产品、品牌认知、宣传口碑等。用户体验的概念从实体工业体系中产生，延伸到如今的网络虚拟，已经成为一种新的产品价值，当技术已经不再是产品核心竞争力时，产品的竞争实质上就是用户体验的竞争，用户注重的不再只是产品的性能优异，还有产品所带来的价值观和愉悦感。本章系统地介绍了网站用户体验的概念、构成要素等基本理论知识，对网站用户体验优化方法进行详细讲解，并通过案例分析、网站改版等方式进行了网站用户体验优化方法的训练。

第**3**章

用户研究

学习目标

【知识目标】

- 了解用户研究的概念与内容
- 明确用户研究的目的与网站定位
- 了解用户研究的方法

【能力目标】

- 掌握与用户交流沟通的一般方法
- 能通过用户研究方法开展用户研究
- 能够对用研结果进行分析，提炼出关键词，确定网站定位在学习用户研究（如图 3-1 所示）的内容之前，首先要解决这样一个问题，就是为什么要进行用户研究，用户研究的动机是什么？它能帮助我们解决什么问题？

除了上述问题之外，还可以进一步思考的问题如下。

➢ 在什么情况下进行用户研究？

➢ 在不同场景中用户研究是否具有局限性？

➢ 用户研究主要应关注的内容包括什么？

➢ 用户研究的方法都有哪些，这些方法都有什么特点，适用在什么场景中？

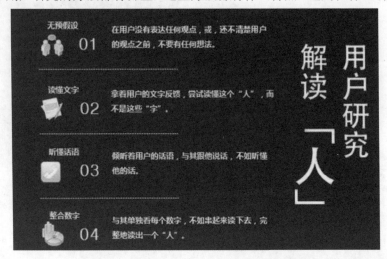

图 3-1 用户研究

3.1 用户研究概述

从用户研究的目的出发，主要是解决 3 个层面的问题：战略、产品、体验。

1. 战略层面

为了支持企业的战略分析和战略规划而进行的用户研究，解决产品的方向问题。这个层面用户研究主要关注的内容如下。

① 市场现状和发展趋势。

② 定位目标用户。

③ 细分用户模型（年龄、爱好、背景等）。

④ 寻找灵感，开拓蓝海。

⑤ 竞品分析。

2. 产品层面

为了支持产品设计而进行的用户研究，解决产品形态的问题。这个层面用户研究主要关注的内容如下。

① 使用场景：用户与产品接触的场景。

② 行为：用户在使用产品过程中的行为表现。

③ 动机：用户为什么会用这个产品，这个产品帮助用户解决了什么问题。

④ 喜好：用户的偏好直接影响产品形态。

⑤ 用户需求：用户对产品功能的期望和评价（用户需求与产品需求是不同的）。

⑥ 竞品分析：对竞品的产品形态进行用研，寻找不足，便于自身改进。

3. 体验层面

为了提升用户体验而进行的用户研究，解决可用性和易用性的问题。这个层面用户研究主要关注的内容如下。

① 可用性：是否达到了用户的预期，让用户可以正常使用。

② 易用性：使用过程中是否方便，更加人性化。

③ 痛点：发现用户使用产品过程中遇到的问题和麻烦，这是一个可以发现创新点的机会。

3.1.1 用户研究定义

用户研究目前并未有一个统一的、规范的定义，因为用户研究对于不同的人意义也是不同的。Schumacher（2010）提出了如下的定义。

微课
用户研究定义及
目的

> 用户研究是对于用户目标、需求和能力的系统研究，以用户为中心的产品设计流程中的第一步。它是一种充分了解用户，利用他们的目标、需求与关注点来帮助企业做正确定位的一个关键点，它的目的是为了给设计、架构或改进工具来帮助用户更好地工作和生活。

对于用户研究来说，首要目的就是为企业明确目标用户以及细化产品概念，通过对用户的心理特征、操作特性等要素深入研究，使用户的实际需求作为产品设计的导向，使产品更符合用户习惯、经验和期待。

针对互联网领域来说，用户研究主要应用在以下两个方面。

① 用户研究主要帮助设计师确定用户具体的需求点，从而明确新产品的设计方向。

② 针对已经发布的产品来说，用户研究是和交互设计相互融合，帮助产品设计师进一步发现产品出现的问题，从而不断改进和优化产品体验。

3.1.2 用户研究的内容

用户研究所要做的就是了解用户特征，从而得到用户模型（User-Model）。了解用户是何种生活形态、研究用户的消费模式是怎样、了解用户对产品有什么看法和意见、识别用户使用产品的动机和对产品有何期望等。

大体来说，用户研究主要包括 4 个方面的内容，分别如下。

① 用户群特征。包括用户的性别、年龄、教育文化水平、生活形态、使用同类产品的经验、对产品的需求等。这部分信息可以通过问卷调查和观察访谈的形式获得。

图 3-2 用户研究在产品设计中的角色

② 产品功能架构。在了解了用户的基本情况后，要针对性地提出产品的功能架构，以满足用户的需求。这部分信息可以通过背景资料收集、焦点小组等方法来获得。

③ 用户的任务模型和心理模型。在研究过程中要确定用户使用产品的整个交互过程，建立理想状况下使用产品的最合理的流程，同时站在用户的角度来考虑其他使用环境下的流程。这部分需要设计师在分析用户和产品功能的基础上，进行功能和交互流程的设计。

④ 用户角色设计。角色是能够代表产品大部分用户需求的原型用户。角色从本质上来说，是通过创建典型用户来代表具有不同目标的用户，从而满足具有类似目标和需求的用户群。通过角色，产品设计者可以站在用户的角度考虑问题，从而把设计者的注意力集中在用户需求和目标上。

由于用户研究与产品设计的关系越来越紧密，用户研究在产品开发设计的不同阶段所扮演的角色也有所不同，图 3-2 描述了用户研究在产品设计的不同阶段的角色。

3.1.3 用户研究的目的

对于不同的问题，在不同的场景中进行用户研究，其具体的目的不可能是相同的，如网站页面的视觉设计和其他的设计具体目的都是不一样的，但它们的总目标相同。比如交互设计也要有用户研究的经验，交互设计是用户研究后的表面化现象，也就是把那些隐性的东西表面化，不管是软交互还是硬交互，都要依赖于用户研究的这个平台。没有这个平台，那就是空想了，最后的产品很有可能以不满足用户的真实需求和习惯而告终。

用户研究的另一个目的是对产品设计进行准确定位，防止定位不准而为公司带来的损失。

3.2　用户研究的方法

用户研究适用于产品生命周期的各个阶段，不管是需求挖掘还是设计评估，都需要与用户打交道。百度公司用户研究常用的方法如图 3-3 所示。用户研究适用的阶段如图 3-4 所示。

研究用户，需要透过用户的语言、行为去了解他们内心最深处的需求。这些需要设计师始终保持一颗同理心与开放的心态，有时用户的"是"与"否"

也许只是提问方式的不同导致的，是非判断只在一念之间，关键要挖掘用户的核心诉求。

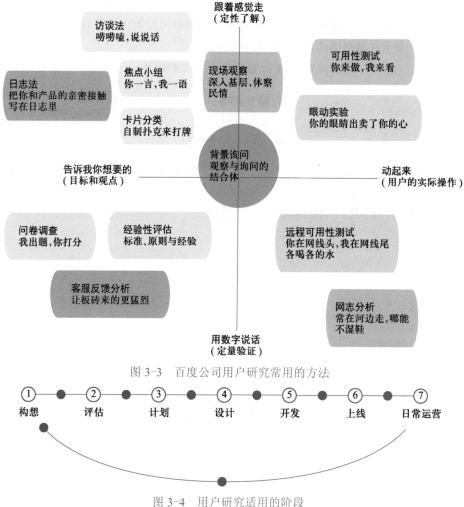

图 3-3 百度公司用户研究常用的方法

① 构想 ── ② 评估 ── ③ 计划 ── ④ 设计 ── ⑤ 开发 ── ⑥ 上线 ── ⑦ 日常运营

图 3-4 用户研究适用的阶段

用户研究方法有很多，如何对这些方法进行选择（如图 3-5 所示），应该视研究目标而定。

用户研究的方法大体分为定性方法和定量方法。

定性研究方法是从较小规模的样本中发掘新事物的方法，与少数用户进行有效沟通收集新的想法和意见，从而进一步揭示待解决的问题。定性研究的主要目的是对用户行为发生的原因进行分析，并深入了解用户的新想法、新见解。通常的定性研究方法包括用户访谈法、焦点小组、卡片分类法、现场观察研究方法以及实验室可用性测试方法等。

定量研究方法是通过大量的样本进行测试从而证明其观点的方法，对大量的样本数据进行深入梳理和分析，利用统计学方法和技术找出样本所反映的趋势，从而映射出所有用户的实际情况。通常定量研究方法主要包括问卷法和数据分析法。

由于用户研究方法有很多，在本书中主要涉及的最具代表性的用户研究方法包括：定性研究方法中用户访谈法、焦点小组、用户测试法和卡片分类法，定量研究方法中的问卷法。由于每种方法都有各自的优势和不足，在实际应用中，应该根据实际项目情况选择一种或几种方法取长补短，充分发挥各自的优势，并综合考虑设计所处的阶段灵活执行各种方法，使得以用户为中心的设计理念得到充分体现。下面分别对这几种方法进行介绍。

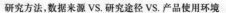

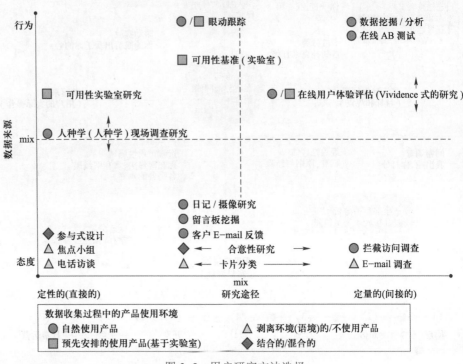

图 3-5   用户研究方法选择

3.2.1   问卷法

问卷调查法（Questionnaire）（如图 3-6 所示）是用户研究中十分常用的一种方法，该方法可以在很短的时间里收集到大量的用户反馈信息，由于互联网的传播和调研成本也比较低，所以得到了广泛的使用，它是以书面形式向特定人群提出问题，并要求被访者以书面形式回答来进行资料搜集的一种方法。与传统调查方式相比，网络调查在组织实施、信息采集、信息处理、调查效果等方面具有明显的优势。

1. 问卷调查法的特点

➤ 标准化：严格按照统一原则和固定结构进行设计，从而保证问卷的科学性和标志性。

➤ 定量化：由于问题和答案都进行标准化设计，所得到的资料也便于定量处理和分析。

➤ 效率高：传递方式多，速度快，能在短时间内收到大量的数据资料。

图 3-6 问卷调查法

2. 问卷法基本实施步骤

① 明确调研目标，即所针对的目标是谁。

② 明确投放方式，即通过何种方式分发问卷会得到最佳效果。如果主要用户是活跃的互联网用户，那么在互联网页面上在线问卷调查是最佳选择。

③ 调查问卷的设计，在问卷设置阶段，要考虑问卷结构、问题设置的一般原则，控制问卷的长度等。调查问卷中问题的选项要尽量全面，彼此不包含。当需要通过一组选项来询问态度时，可用如下形式。

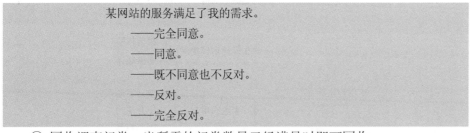

某网站的服务满足了我的需求。
——完全同意。
——同意。
——既不同意也不反对。
——反对。
——完全反对。

④ 回收调查问卷，当所需的问卷数量已经满足时即可回收。

⑤ 调查表结果分析，考虑使用何种工具收集和分析数据。如果是在线问卷调查，可以使用在线调查工具查看并分析结果。

3.2.2 用户访谈法

与问卷不同，在访谈中可以与用户有更深入的交流，通过面对面沟通、电话等方式都可以与用户直接进行交流。访谈法操作简单，可以深入地了解被访者的内心想法，容易达到理想的效果，因此也是较为常用的用户研究方法。根据不同的目的，访谈又可以分为结构式、半结构式和完全开放式访谈，这 3 种访谈方式各自的特征如图 3-7 所示。

微课
用户访谈法

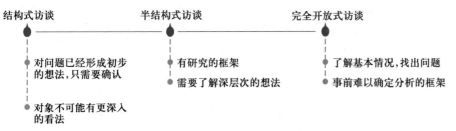

图 3-7 3 种访谈方法各自的特征

> 结构式访谈：访谈员事先准备好问题让被访者回答。访谈员应设定一个清晰的目标以达到最佳的访谈效果，提出的问题也需要经过仔细推敲。由于在结构式访谈中提出的问题都是固定的，所以回答也必须清晰。

> 半结构式访谈：半结构式访谈融合了结构式访谈和完全开放式访谈的两种形式，也涵盖了固定式的和开放式的问题。为了保持研究的一致性，访谈员需要有一个基本的提纲作为指导，以便让每一场访谈都可以契合主题。

> 完全开放式访谈：访谈员和被访者就某个主题展开深入讨论。由于形式与回答的内容都是不固定的，所以被访者可以根据自己的想法进行全面回答或者简短回答。

用户访谈的步骤如图 3-8 所示。在访谈之前认真地准备甚至学习一些访谈技巧也很重要。下面是一些引导问题的示例。

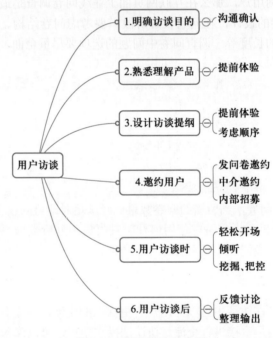

图 3-8 用户访谈的步骤

> 你喜欢×××.com 网站的哪些方面？

> ×××.com 网站是否满足你的期望？

> ×××.com 网站和竞争网站 abc.com 中，你更喜欢哪一个，如果是后者，为何你认为它优于前者？

3.2.3 焦点小组

微课
焦点小组

如图 3-9 所示，焦点小组（Focus Group）是用户研究项目中常见的研究方法之一，依据群动力学原理，将目标群里中的各种人聚到一起开展讨论，常见目标是征求对产品的意见，通过了解用户的态度、行为、习惯、需求，为产品收集创意、启发思路。

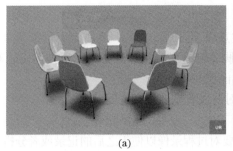 

图 3-9　焦点小组

焦点小组讨论的参加者是产品的典型用户。在进行活动时，要有一个讨论主题。使用这种方法对主持人的经验及专业技能要求很高，需要把握好小组讨论的节奏。焦点小组主持人应注意的问题如图 3-10 所示。

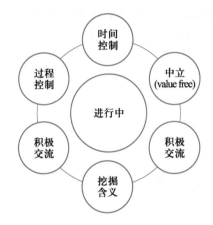

图 3-10　焦点小组主持人需要注意的问题

焦点小组的实施过程如下。

1.　前期准备

①　明确目的。在进行焦点小组前，首先要明确此次讨论的目的，讨论的问题以及各类信息数据收集目标。

②　参与者招募。焦点小组一般会进行 3～4 次，每次需要不低于 6 名参与者，最好有多个小组。在选择参与者过程中，确保小组成员之间相互不认识。避免选择设计师、网页开发人员等特殊人员，以免降低讨论结果的普遍性。

③　人员安排。焦点小组能否成功实施，主持人和观察员在其中起到至关重要的作用。其中主持人需要接受和倾听参与者的意见，需要有敏捷的思维去处理这些状况。观察员对后期结果的整理也十分重要，要熟悉焦点小组的目的和脚本，细心且具有洞察力，能注意参与者的态度、偏好与感受。

2.　材料与场地准备

在进行焦点小组前准备一张清单，把需要准备的东西都列上，具体包括参与者的名单、保密协议、脚本、观察记录表、访谈中所需材料、写有参与者名称的牌子、录音录像设备、饮料、纸杯、零食、纸巾等。

3. 焦点小组实施

在实施焦点小组的过程中，需要注意以下问题。

① 讨论到脚本中的每一个问题。脚本都是经过精心准备的，所列的问题对下一步的开发都有至关重要的作用，不能遗漏。

② 把更多的时间放在有争议的、对开发有重要意义的问题上。

4. 焦点小组的结果收集分析

① 每次讨论 1～2 个小时，通常需要对过程录像以便于之后的记录或者分析。

② 分析并汇报焦点小组得到的发现，展现得出的重要观点，并呈现出与每个具体话题相关的信息。

③ 收集的信息不仅包括讨论的内容，还要分析参与者的整个交互过程。

3.2.4 卡片分类法

卡片分类法（Card Sorting）（如图 3-11 所示）是用来对信息块进行分类的一种技术，将信息（概念、条目、内容等）分别写在一张张卡片上，然后归类。通过卡片分类，可以了解用户所想，然后更好地完成页面、导航、内容组织等网站的信息架构，通常是为网站创建站点地图，或为文档创建结构层次和子类别。卡片分类非常适合处理内容型网站。

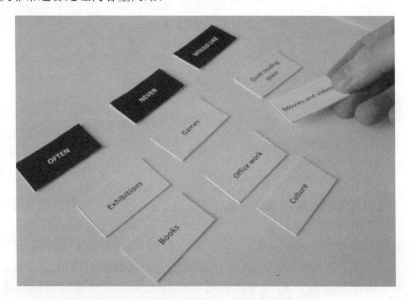

图 3-11　卡片分类法

卡片分类法的优缺点：

卡片分类法的优点如下。

➤ 简单：对于组织者和参与测试的人来说，卡片分类很容易上手。

➤ 便宜：通常成本就是一堆便利贴、笔或者打印出的标签。

➤ 快速的执行：你可以在短时间内测试，然后获得大量的反馈数据。

➤ 涉及用户：因为每张卡片所提供的建议都是来自真正的用户回馈，这对信息架构师来说，更容易理解使用。

➤ 提供一个良好的基础：能够为网站或者产品提供一个良好的基础。

卡片分类法的劣势如下。

➢ 不考虑用户目标：卡片分类本质上是一种以内容为中心的技术。如果在使用时没有考虑用户的目标，它可能会导致整个信息架构并不适合用户真正使用下的状况。

➢ 结果差异：可能最后参加测试者提供的结果具有一致性，但也有可能会相差很大。

➢ 分析很耗费时间：卡片分类虽然能快速的分类，但是数据的分析是困难且耗时的。

卡片分类法的步骤如下。

1. 准备卡片

首要任务就是准备卡片。列出清晰的条目，可以按多种方式对其分类。为每个元素标上数字编号，这些元素可能是网站地图中的页面、产品分类、或者分类系统中的标签。把每个元素写在一个单独的卡片上，在背面写上对应的编号。

2. 寻找参与者聚在一起

卡片准备好就可以进行测试了！为了得到最好的测试结果，需要找到网站的真实用户。其中参与者需要注意的要点如下。

① 按自己的理解对卡片进行分类。

② 每组至少包含两张卡片。

③ 分组时可以给分组命名。

3. 记录

最后，记录下他们所做的安排。对卡片进行编号，记录下被分组的卡片的数字，这有助于测试结束后对不同组的数据进行分析（如图 3-12 所示）。

图 3-12　卡片分类法测试结束后的分析

3.3 用户研究案例——网易印像派首页改版

3.3.1 项目背景

"网易印像派"是网易公司推出的个性产品服务平台,在"网易印像派"网站可以冲印各类数码产品。随着其业务不断扩展,几年前设计的首页无论是在交互还是视觉上都已经无法满足现有的业务需求,所以有必要对网站首页进行改版,其改版前和改版后的页面如图 3-13 所示。

图 3-13 "网易印像派"网站改版前与改版后页面

此次用研的主要目的是讨论首页布局是否合理,内容展示或目录分类是否满足用户需求,陈列的产品功效和品牌,是否能吸引用户购买。归纳之后此项目的目标如下。

① 帮助企业分析网站首页存在问题。

② 帮助企业了解用户对网站的需求。

③ 结合问题现状和用户需求,给出首页修改方案。

3.3.2 解决方案

根据项目目标,将项目解决方案分为以下 4 个步骤,如图 3-14 所示。

➤ 调研用户对目前网易印像派首页的使用情况，根据用户反馈和竞品分析给
　出问题现状；
➤ 帮助企业确定页面优化目标；
➤ 根据优化目标提出设计计划；
➤ 帮助企业进行首页页面优化，结合数据和用户反馈，给出优化性能评价。

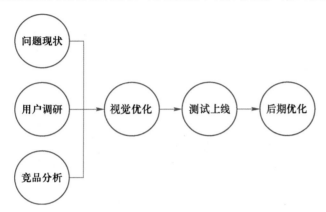

图 3-14　解决方案提示

1.　问题现状分析（见图 3-15）

通过分析得出目前"网易印象派"网站存在的问题如下。

① 老版首页的视觉风格过时，需要重新全面包装，提升品牌认知度。

② 版块过多，产品区得不到更好的展示。

③ 老版的导航条为二级全展开导航，这种全展开导航的弊端是导航会随着
内容的增加而变长，会导致导航条过长，不利于浏览。

④ 三栏的页面布局导致信息拥挤。

⑤ 轮播的交互操作不够便捷，视觉样式不够简洁。

图 3-15　问题现状分析

2.　用户调研

设计团队根据企业信息和目标用户特点，设计调查问卷如下。

网易印像派调查问卷

您好！这是一份关于网易印象派网站的调查问卷，主要是为了了解该网站是否满足您网上冲印各类数码产品的需求。您提供的信息将成为我们设计和优化的重要依据，并有助于我们提供更符合用户习惯的产品和服务。如果您对本次调查感兴趣，请填写本问卷。完成本问卷预计花费的时间为 2 分钟左右。谢谢！回答方式：请在□ 前打 √

第一部分　个人信息

1. 您的性别：

   □男；□女

2. 您的年龄：

   □30 以下；□30～40；□40～50；□50～60；□60 及以上

3. 你目前的平均月收入：

   □3000 以下；□3000～5000；□5000～10000；□10000～20000；□20000 以上

第二部分　网上冲印各类数码产品习惯

1. 您是否在网上冲印过各类数码产品？

   □是；□否

2. 您在网易印象派网站上冲印过各类数码产品吗？

   □是；□否

3. 请问您或您的朋友是否拥有以下设备？

   □数码相机；□手机相机（指带摄像头的手机）；□单反相机；□摄像机；□胶卷相机；

   □都没有

4. 请问在过去的三个月中，您一共用自己或朋友的数码相机或手机相机等拍过多少照片？

   □没拍过；□1～50 张；□51～100 张；□100 张以上

5. 在最近三个月内在网上冲印数码照片的张数？

   □没有尝试过；□1～10 张；□10～30 张；□30 张以上

6. 关于网上数码冲印，您最看重的是什么？

   □冲印质量；□优质的多元化服务；□照片的隐私安全；□操作流程方便快捷

7. 你通常采用哪种网上冲印方式？

   □惠普喀嚓鱼网上冲印；□米莫印品网上冲印；□我的相册网上冲印；□不知道

8. 无论您以前是否使用过网上冲印服务，现在您已经知道了以上几种网上冲印方式，那么您是否愿意尝试或继续使用网上冲印？

   □愿意；□不愿意

9. 您不选择网上冲印这种方式的原因是什么？

   □担心照片、隐私泄露；□支付安全；□不了解，不熟悉如何操作；□其他

10. 您希望网上数码冲印能够为你提供哪些服务？

    □照片修改美化；□定制相框；□其他介质打印（如马克杯）；□定制及客户指定直送；

    □以数码照片为基础的设计品制作

    ……

    后续我们会开展一些访谈，以进一步了解用户的需求和产品的改进方向。请留下您的联系方式，如果您适合参与我们的活动，在合适的时间我们会邀请您参与。在活动中您提出的建议和需求将成为我们研发的重要参考。感谢您的支持！

下图为部分数据：

经过上面的用户数据分析（如图 3-16 所示），我们可以看出印像派的主要用户为 25～31 岁的年轻女性，大学本科学历，收入主要为 3 000～5 000 元。这类年轻女性用户的消费能力属于中上水平，有一定的审美能力，因此主色调的重新提炼的关键词应是：女人、清新、时尚、小资、活力。

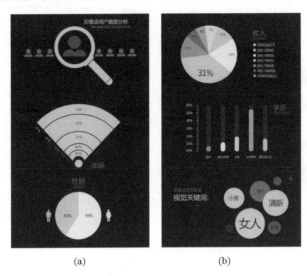

图 3-16 用户数据分析

3. 视觉优化

综上所述，可以得出本次优化的目标如下。

（1）形象色的重新提炼（如图 3-17 所示）

用户打开一个页面，首先映入眼帘的是色彩，网站形象色的重要性犹如企业的 Logo，一个成功的网站形象色应该能使用户一看到该颜色就联想到该网站。因此视觉改版首先要做的是主色调的提取，只有确定了主色调才能往下展开其他设计。

微课
用户研究案例 2

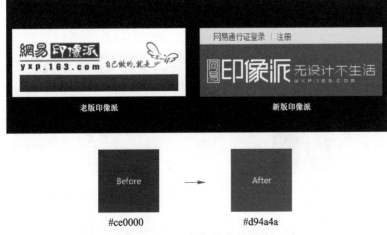

图 3-17 形象色的重新提炼

老版的红色饱和度太高，这种大红色辨识度太低，品质感也不够。最终选了饱和度稍低，色相偏粉红的红色，搭配大片留白的页面，新的红色看起来既女性化又清新，达到了上文数据分析的颜色需求。

（2）重新规划版块

摒弃官方动态、微博、买家热评等鸡肋版块，加强力度突出焦点轮播 Banner、产品促销区等重要版块，让产品区得到更好的展示。产品展示区和实时交易记录如图 3-18 所示。热卖推荐和页尾如图 3-19 所示。

(a)

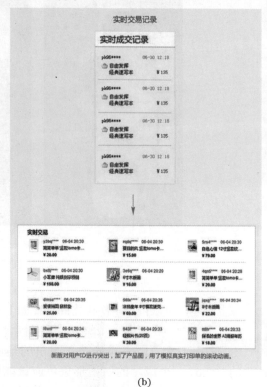
(b)

图 3-18　产品展示区和实时交易记录

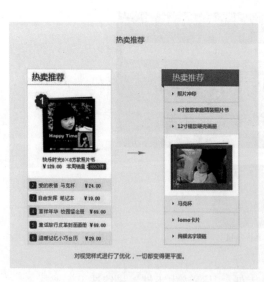

图 3-19　热卖推荐和页尾效果

（3）导航、导航栏

新版导航采用扁平化设计，视觉风格更加清爽，新版导航更为醒目。原导航栏信息混乱、图标简陋。新版导航条以文字信息为主体进行设计，并重新设计 Icon，看起来简洁清爽，而且一级导航比原来的二级导航更利于后期维护，导航改版效果如图 3-20 所示，导航栏改版效果如图 3-21 所示。

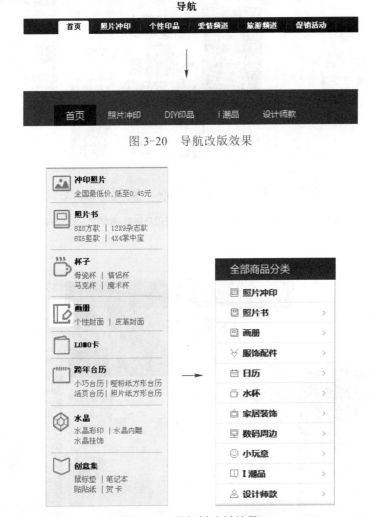

图 3-20　导航改版效果

图 3-21　导航栏改版效果

（4）页面布局

三栏布局能在一屏内容纳较多的信息量，常见于大型门户网站。"网易印像派"本身 B2C 的定位不同于门户网站，没有浩瀚如海的信息量，因此应在有限的首页空间里将产品更好的展示出来。其页面布局改版效果如图 3-22 所示。

旧版印像派的三栏布局从视觉上看起来拥挤混乱，在短时间内难以将注意力集中在重点区域，用户无法清晰地跟随页面节奏进行有效浏览。因此设计团队需要量体裁衣，针对网站的定位和容量进行重新梳理，选择适合的页面布局。

(a) 老版的三栏布局常见于信息量较大的大型门户网站,如新浪、腾讯、网易等

(b) 变成两栏 / 通栏后,产品得到更好的展示,首页的视觉感受变得更加宽广大气,天猫、凡客、初刻等 B2C 网站也采用了两栏布局

图 3-22　页面布局改版效果

4. 测试上线

前端测试环节也是非常重要的一环,视觉设计师的工作不止于视觉稿定稿,还要和技术开发工程师做好测试上线工作,测试阶段经常出现的问题有"浅灰色底怎么变成白色了""这里怎么偏移了 2 像素""图片和文字不对齐"等问题,所以要沟通做到线上效果和视觉稿吻合。上线后要密切关注数据变化,根据数据分析、用户反馈做出调整。

5. 后期优化

成功的产品是在不断地优化迭代中产生的,这是一个从设计到用户数据反馈再回到设计的验证过程。最终修改后的网站首页如图 3-23 所示。

图 3-23 修改后的网站首页

3.4 用户研究训练

任务 1 网站用户研究

选择自己感兴趣的网站（如博客，运动网站，购物网站，音乐网站等）开展用户研究，为后续网页视觉设计做准备，如图 3-24 是一份有关音乐类型 APP 使用情况的调查。

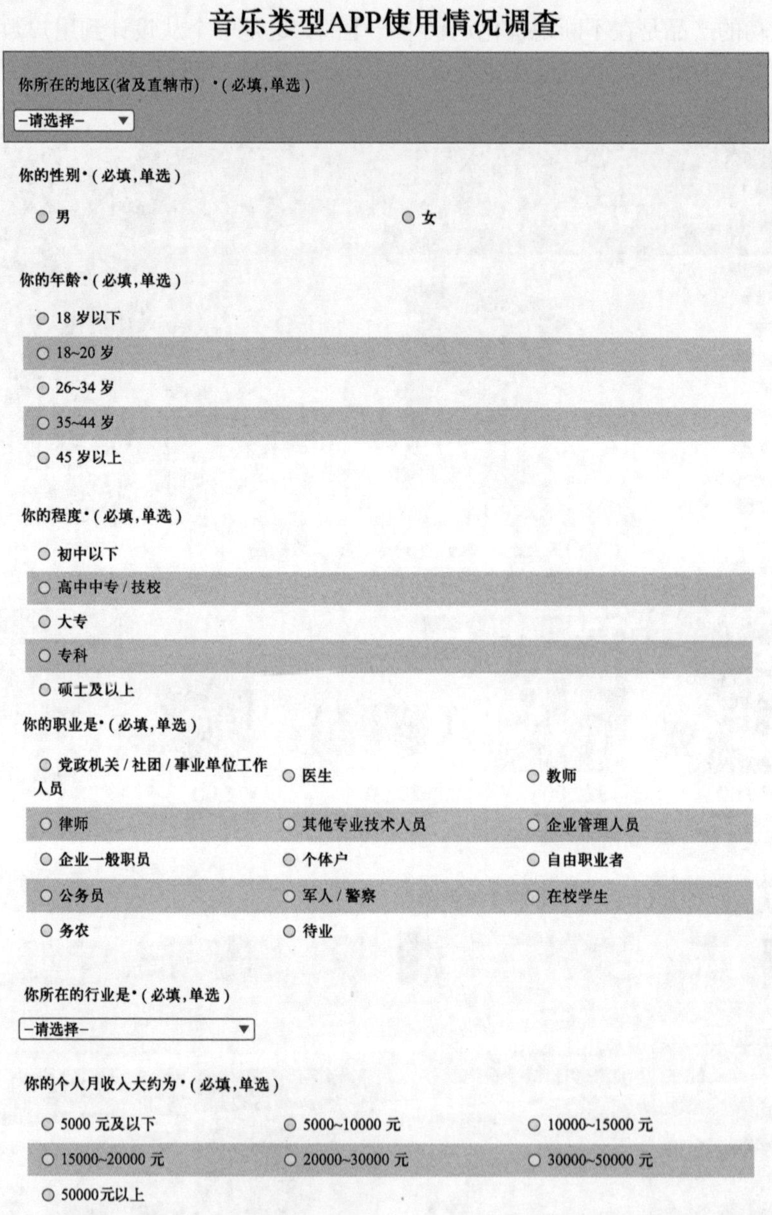

音乐类型APP使用情况调查

你所在的地区(省及直辖市) ·(必填,单选)

−请选择−　▼

你的性别·(必填,单选)

　○ 男　　　　　　　　　　　　　　　　　○ 女

你的年龄·(必填,单选)

　○ 18 岁以下

　○ 18~20 岁

　○ 26~34 岁

　○ 35~44 岁

　○ 45 岁以上

你的程度·(必填,单选)

　○ 初中以下

　○ 高中中专 / 技校

　○ 大专

　○ 专科

　○ 硕士及以上

你的职业是·(必填,单选)

　○ 党政机关 / 社团 / 事业单位工作人员　　　○ 医生　　　　　　　　○ 教师

　○ 律师　　　　　　　　○ 其他专业技术人员　　　○ 企业管理人员

　○ 企业一般职员　　　　○ 个体户　　　　　　　○ 自由职业者

　○ 公务员　　　　　　　○ 军人 / 警察　　　　　○ 在校学生

　○ 务农　　　　　　　　○ 待业

你所在的行业是·(必填,单选)

−请选择−　　　　　　　▼

你的个人月收入大约为·(必填,单选)

　○ 5000 元及以下　　　○ 5000~10000 元　　　○ 10000~15000 元

　○ 15000~20000 元　　○ 20000~30000 元　　　○ 30000~50000 元

　○ 50000元以上

图 3-24 音乐类型 APP 使用情况的调查

要求如下。

① 网站定位：通过对目标用户、相同类型（竞品）网站进行比较分析，找到现有网站的不足，进行网站的总体构思，发掘创新点。

② 用户研究：利用本章所学方法，如用户访谈、问卷调查、焦点小组、卡片分类等方法，针对网站定位方向，开展用户研究。例如采用问卷法，要自行设计问卷，并进行调研。

任务 2　用户研究数据分析

对用户研究结果数据进行统计分析，得出结论。

要求如下。

① 数据统计：利用本章所学方法，如用户访谈、问卷调查、焦点小组、卡片分类等方法，开展用户研究。对用户研究数据进行分析，以图表形式显示。

② 数据分析：对用研结果进行分析，得出结论，提炼网站定位关键词。

3.5　小结

用户研究的目的是为了以用户为中心开展设计，合适的用户研究形式、正确的阶段方法以及对结果的深入分析都会在很大程度上帮助网页设计取得成功。本章系统地介绍了用户研究的内容、目的、方法等基本理论知识，并通过案例讲解了网页设计中用户研究的基本流程以及操作步骤，并在项目实战中对网站用户研究方法进行训练，对用户研究结果数据进行统计分析，辅助网站进行总体定位、构思，发掘创新点。

第4章

网页创意设计

学习目标

【知识目标】

- 了解网页创意设计的概念
- 认识创意思维对网站设计的帮助
- 掌握网页创意的一般流程
- 了解网页创意的主要方法

【能力目标】

- 掌握创意思维方法
- 能够对网页创意设计进行分析评鉴
- 能进行网页创意思考与设计创新表达

如果想让自己的网页从众多的竞争对手中脱颖而出，在创意、策划上下功夫是必要的，那如何才能在作品中充分体现创意？创意来源于哪里？

除了上述问题之外，还可以进一步思考的问题如下。

➢ 创意是不经过专业的学习和训练就能自动掌握的东西吗？

➢ 创意能训练吗？

➢ 创意来源于哪里，是来源于生活吗？

➢ 如何构思一个绝佳的网页创意？

➢ 创意思维方式有哪些？

4.1 网页创意设计概述

创新推动着互联网技术向前发展，网页设计风格日新月异，网页已不仅是传递信息的媒介，同时也是网络上的艺术品，能够给用户好的体验、美的享受。因此，市场对网页设计师也提出了更高的要求。在网页设计中，设计师经常会遇见这些状况：时间短又要出彩、既要大气又要有气氛、各个风格要准确把握、要有趣味性还要能与用户产生共鸣，因而每个设计师都需要具有丰富的创意设计能力。使得用户可以产生情感上的共鸣，让浏览者以轻松惬意的心态，吸收网页传递的信息，形成良好的用户体验过程。

4.1.1 什么是创意

微课
什么是创意

网页中的创意到底是什么，如何产生创意呢？创意并不是天才者的灵感，而是思考后的结果。创意是在知识和经验积累的基础上，通过创造性的思维方式，将现有的要素重新组合，产生引人入胜、出其不意的想法；创意是捕捉出来的点子，是对一切旧有形式的不同程度的打破。

创意是经过思考而产生的。它来源于两个方面的基础：一个是创作人员个人必须具备的知识和智慧；另外一个则是创作人员对用户的了解程度。网页设计中，当创意者把自身的知识和经验积累与网站用户以及设计主题融汇在一起进行系统分析和研究时，就能在研究过程中产生创意。

在网页设计中，创意阶段的一切思考都要围绕着网站用户、网页主题来进行。不同类型的网站，具有不同的用户群体，以及不同的"需求重点"。只有挖掘出用户深层次的需求重点，才能找到问题的关键点来指导设计，确定网页的主题风格，达到事半功倍的效果。发现新问题是灵感，解决新问题就是创意。

4.1.2 创意思维的原则

微课
创意思维原则

创意思维要遵循的原则包括关联性原则、冲击力原则、亲和力原则、原创性原则。具体介绍如下。

1. 关联性原则

网页创意必须与创意目标相吻合，必须能够反应、表现网页主题。将最具代表性或用户最认可的信息提纯出来，既能让人容易记忆与接受，也能为网站建立起更明确的形象。关联性原则范例如图 4-1 所示。

图 4-1　关联性原则范例

2. 冲击力原则

第一时间抓住用户的眼睛，通过创造性的手段，以广告概念、视觉形象或表现风格等元素给目标受众造成强烈的心理感受，进而达到吸引注意、增强印象的效果，冲击力原则范例如图 4-2 所示。

图 4-2　冲击力原则范例

3. 亲和力原则

从情感心理角度让用户易于并乐意接受。这一原则给用户以亲切、友善的感觉，让人体验到平等、真诚、可信的情感氛围，在极具情感色彩的气氛中传递商品和服务的信息，亲和力原则范例如图 4-3 所示。

图 4-3　亲和力原则范例

4. 原创性原则

独特实用的设计让网站与众不同，有别于竞争网站的形象，为产品增值。通过有创造性的意见或想法，使网页在形象上、技术上有所改进。 这一原则是网页创意设计的核心原则，也是评价网页设计水平高低的重要标准，原创性原则范例如图 4-4 所示。

图 4-4　原创性原则范例

4.1.3 网页创意过程

对于创意的产生,世界公认的创意大师詹姆斯·韦伯·扬(James Webb Young)有过详尽地论述。他认为创意是有规律可循的,产生创意的基本方针为创意是把事物原来的许多旧要素作新的组合,必须具有把事物旧要素予以新的组合的能力。

网页创意遵循创意的一般规律,其创意思考的过程可以分为 6 个阶段,其简要介绍如下。

1. 确定目标

发现新问题是创意的第一步,就好像牛顿发现苹果落地,他产生了疑问:"为什么苹果不朝天上落?"然后他才找到了答案——万有引力。当发现了问题所在,就会知道大致的创意方向。在做网页创意的时候,设计师尤其需要发现用户的核心需求,才能找到创意的方向。

2. 搜集信息

围绕目标搜索与创意动机有关的资料, 对于网页设计,收集的资料(信息)应该有两种类型。

➢ 特定资料:主要是指与网页主题创意对象相关的资料和与网站用户相关的资料。对网站用户需求以及主题研究越透彻,越有利于后期的创意进行。

➢ 一般资料:这些资料未必都与特定的策划创意对象相关,但一定会对特定的策划思维有帮助。多观察周围的事物,了解各个学科的资讯,积累的素材越多,相互作用产生创意的可能性就越大。

3. 咀嚼材料

搜集了许多信息资料也不一定就能产生创意,这个时候需要灵活运用创意思维、创意方法,对搜集到的材料进行消化、理解、加工,运用各种方法勾画出若干可实施方案。只有将积累的知识、素材在大脑中不断的分解、交叉、发散聚敛、映射、组合,才能演变为新的意象、意念。

4. 创意转化

创意的转化往往在放松的状态下比较容易进行,人在放松的时候可以让"潜意识"作为主导去消化转化,进行创新的转化。让"有意识""显意识"暂时规避。可以选择自己喜欢的方式,比如去打球、散步、看电影、听音乐,或去睡场大觉,洗个热水澡,完全自然地放松。这些方式都可以刺激人的想象力及潜意识发挥。

5. 创意闪现

如果在前面的 4 个阶段中已尽到责任,那么令人叫绝、出其不意的创意就会像一道闪电划过黑暗的天际,使期待已久的、苦苦追寻的好的设计方案潮水般向设计者涌来。这个时候具体的创意就出现了。

6. 创意成型

创意闪现过后,还会存在不完善的地方,所以,我们还要对萌发的创意成果进行必要的整理、修改、锤炼、提高。这个时候可以利用团队的智慧,集思广益,发挥集体的智慧将创意具体化、可行化,然后才可以付诸实施。

微课
创意的过程

概括地说，创意要遵从以上 6 个程序，同时要把握 5 个要点：一是努力挣脱思维定势的束缚，二是紧紧抓住思维对象的特点，三是尽量多角度去思考问题，四是防止两个思路的思考角度完全重合，五是努力克服思维惰性的影响。

4.2　网页创意设计方法

4.2.1　借鉴创意法

借鉴创意法优势在于可在短暂时间内快速出效果，但又不失细节。

借鉴创意法可以从已知的一切入手，如街边的路牌、途中的风景、斑驳的墙漆、月夜下的街灯，再到同行的案例启发，都是可以吸取的地方。网页设计师一般都有逛网站的习惯，这不仅是积累各方知识及了解时下流行视觉趋势的好方法，无形中也丰富了创意阅历，为借鉴创意种下良好的因子。在工作中，当为找不出一个好的创意解决方案而挠头时，可以吸取日常工作、生活中的所见所闻，从其中的一个点或者一个视觉元素出发，借鉴其成功之处，拓宽创意思路，结合项目现状，给出优质的创意设计。

4.2.2　情景（情感）映射创意法

情景（情感）映射创意法优势在于，它适用于对情感有一定诉求的网页设计，如儿童网站设计、时尚类网站设计等。

生活中，每个人都是独一无二的，不同的成长的历程赋予了个人不同的阅历、不同的性格、不同的想法与世界观。每个人都有自己独一无二的想像力、理解力和判断力。于是乎，当人们面对同一件事物时，会有不同的情感反映。同样的，在日常创作过程中，也就有了不同视觉风格，不同创意想法的出现。

情景映射创意法是把设计师所要表达的概念化的、抽象化的东西（如文案、主题等）丰富化、立体化。把这些所要表达的概念逐步的从低级抽象向高级抽象演变，直至获得满意的创意表达为止。

比如说春天，在想到春天的时候，每个人脑海中都会出现不同的元素，丰富而有诗意，如绿色、和风、细雨、春泥、青草，还有风筝、燕子、踏青等（如图 4-5 所示）。由此，我们可以充分发挥主观能动性，融合主题创造出富有感染力的创意画面。

图 4-5　春天相关的元素联想

4.2.3 思维导图创意法

思维导图创意法的优势在于，适用于要求有较好的视觉表现力的网站设计。

思维导图是一种放射性的创意模式，被认为是最自然的一种创意工具，很多
时候，当项目对创意表达有较高的要求时，它是一个既简单有效又具有美感的创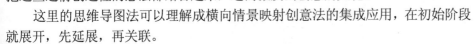
意工具。思维导图法以需要解决的问题为起点，把所认识的、与问题有关的元素
进行联想细分，向外延展、再延展，充分发挥联想的创造力。然后思维再跳出来，
把这些之前创造性的想法都结合起来，进而激发出创意的火花。

微课
网页创意设计方法 2

这里的思维导图法可以理解成横向情景映射创意法的集成应用，在初始阶段
就展开，先延展，再关联。

4.2.4 头脑风暴与逆向思维创意法

在创意工作开始的时候，大家首先想到的应该是头脑风暴。因为始终觉得在
众多创意方法中，头脑风暴确实是优秀的且可行性很高的创意方法之一，但头脑
风暴方法对会议的主持人有一定要求，要求具备相当的专业性与组织能力。

头脑风暴是集众人才智解决创意缺失的良好方法。是众多创意方案的集合。
是创意工作中的捷径。

头脑风暴的实施要求如下。

① 确定风暴主题。

② 确定主持人（负责主持风暴创意会议，对各创意进行记录）。

③ 与会人员积极对主题进行创意发言，避免出现争执及重复创意（但可引
申别人的创意）。

④ 集合所有创意方案，把方案在进行循环深化风暴。

⑤ 最终探讨并选出可行性最佳的创意方案。

4.3 创意思维的种类

创新思维是人的创新能力形成的核心与关键。创新思维的一般规律是：先发
散而后集中，最后解决问题。在网页艺术创作的过程中，通过创意思维对主题、
情感和形象进行分解并加以重新组合，进而创造出新的情感表现形式。进行创意
设计的时候，通常会用到的创意思维形式主要包括以下 4 种。

微课
创意思维形式 1

4.3.1 联想思维

在解决实际问题的过程中需要想象力，艺术的创作更需要想象力。想象是人
脑在事物原有感性形象的基础上加以分解、重构，使其产生新思想、新方法、新
思路，创作出新事物的过程。

创意方法首先就是联想思维。这是每个人在思考时都会潜移默化使用到的一
个方法。有点像头脑风暴，以一个核心事物为起点，将与之有关的元素进行联想，
以一种放射性的方式向外延展。思维联想听起来是个很简单的方法，但是大多数
时候，思维是杂乱无序、没有逻辑的，所以需要一些系统化的方法将思维沉淀下

来，为思路找一个清晰的方向。如果不知道从哪里入手，我们可以从3个方向进行思考：横向联想、纵向联想和关联联想。

1. 横向联想

横向联想是指围绕核心事物进行发散，只考虑与核心事物有直接关联的，也就是一度关联的事物。

比如这里来做个练习，说出与"风"相关的10件事物。也许可以想到"寒冷、冬天、沙漠、海边、树叶、风筝、长发、尘土、丝巾、空气"等，这些都是与"风"直接相关的事物，横向联想范例如图4-6所示。

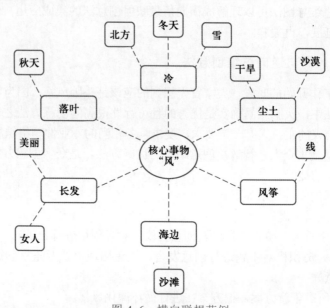

微课
创意思维形式2

图 4-6 横向联想范例

横向联想是在一个点周围画了一个圈，其实还可以使它的半径变大，进行纵向联想。从核心事物开始，联想的后一样事物要与前一样事物有关联，深挖下去，找到与核心事物有二度、三度，甚至五度、六度关联的事物。

2. 纵向联想

还是以"风"为主题进行纵向联想，可以想到"风"→"风筝"→"春天"→"柳树"→"枝芽"→"飞絮"→"种子"→"生命"等，纵向联想如图4-7所示。

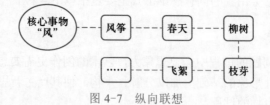

图 4-7 纵向联想

3. 关联联想

除此之外还可以从关联性这个角度进行联想，联想两两事物之间的共同之处。这对于主题不仅一个的设计项目是很有用的，比如说出"风"与"火"的10个共通之处。可以想到风与火都是"无形、有破坏力、可以产生能量、摸不到、可以感受到、自然、 可以人为产生、空气、可大可小、难以控制的"，关联联想范例如图 4-8 所示。

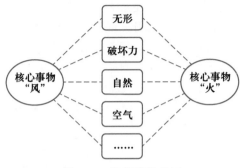

图 4-8 关联联想范例

4.3.2 发散聚敛

发散聚敛法，其实这是一种可以应用在任何地方的思维方式，先自我发散，再筛选可能，最后聚合成一个靠谱的方向。通过"发散"→"提出创造性设想"和"聚敛"→"对创造性设想进行分析筛选"的反复交叉进行，逐步达到预期目标，同样以"风"为核心词汇展开训练，发散聚敛法范例如图 4-9 所示。

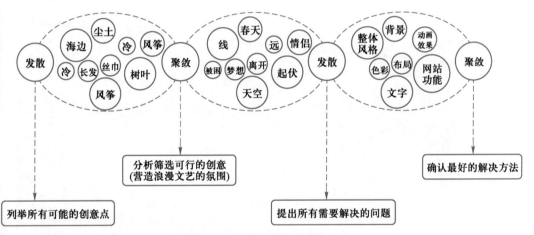

图 4-9 发散聚敛法范例

比如在设计中，可以先列举所有可能的创意点，然后分析筛选出可行的创意，然后再发散，提出这个创意中需要解决的问题，再聚敛，聚焦到那个最好的解决办法，如此反复交替进行，最终达到目标。这种漏斗型的思维方式，最后沉淀下来的想法，都是经过层层筛选的。

4.3.3 现实映射

提到现实映射，很多人会想到拟物化的设计，最初的拟物化设计是为了减低用户的学习成本，引导用户作出正确操作。然而随着人们越来越多的使用电子产品，对于虚拟界面的接受程度也越来越高，不需要拟物化的引导，用户也知道应该如何操作。有些拟物化界面过于强调细节，也给用户造成了视觉和认知的负担。

但其实从现实世界借鉴灵感并不意味着一定要 100%还原物理世界的真实质感，从现实中提炼、抽象出的，可以是形态、色彩、质感，也可以是运动方式、光学力学特性等物体中最有特点的部分，现实映射提炼抽象过程如图 4-10 所示。比如温馨家园农场的网页设计风格，灵感就来源于植被和土壤。像这样将常见的视觉元素进行写实处理，给用户提供了身临其境的感官体验，温馨家园农场网页设计如图 4-11 所示。

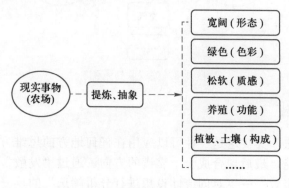

图 4-10　现实映射提炼抽象过程

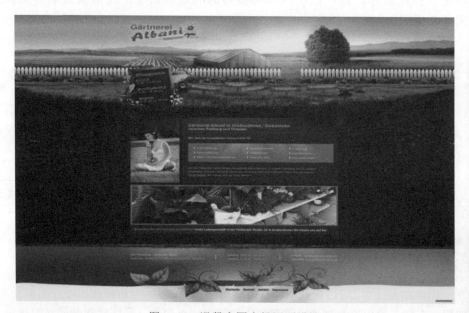

图 4-11　温馨家园农场网页设计

4.3.4　元素组合

在自然界，元素可以通过组合形成各种各样的新物质。将不同的旧元素进行新的叠加组合，也可以产生新的创意。元素的组合也不是简单的叠加，可以看做是在原有基础上的一种创造。

比如带着橡皮的铅笔，现在看起来是再普通不过的一种东西，但是当一个美国画家发明这种铅笔的时候，这项专利就卖了 55 万美元，被看做是一个伟大的创造，其实这就是元素叠加的结果。随身听被评为过去 50 年来伟大的音乐发明，其实它也是耳机与录音机的叠加，元素组合范例如图 4-12 所示。

图 4-12　元素组合范例

　　图 4-13 为 Fresher 新鲜人果汁网页设计。在该网页设计中，将真实环境、秋千等元素进行叠加组合，为该网站背景设计提供了新思路，模拟了产品所能带给消费者的味觉感受。

(a)

(b)

图 4-13　Fresher 新鲜人果汁网页设计

4.4　创意思维训练

任务 1　寻找优秀网页创意主题的练习

　　针对以下本田汽车网站（如图 4-14 所示），寻找网站所要表达的主题，写出网站运用了哪些视觉元素，营造了怎样的场景，这些视觉元素之间有怎样的关系，它们的特点及相关性，表达了怎样的故事情节，是否与主题相符。

图 4-14　本田汽车网站

任务 2　设计网页创意主题的练习

根据个人选定的网站主题，进行头脑风暴，绘制思维导图，提炼网站的关键词，进行创意思考，思维导图范例如图 4-15 所示。例如，以游戏"充值"活动网页为例，进行头脑风暴，绘制思维导图，根据思维导图提炼关键词。

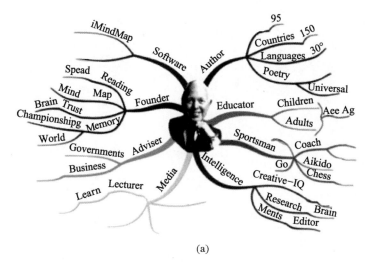

(a)

根据信息进行头脑风暴,列出相关信息

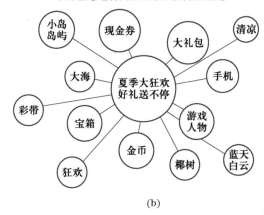

(b)

图 4-15 思维导图范例

4.5 小结

　　网页设计不仅是技术的应用,更重要的是一种艺术性创新思维的展现,一种能发现平衡和美的能力。学会利用各种元素和技巧来丰富页面,通过创意设计,可以让网页艺术性创新性的表达。本章系统地介绍了创意思维的原则、网页创意过程、网页创意设计方法等基本理论知识,并通过案例讲解了网页创意思维形式,并在项目实战中对寻找设计优秀网页创意主题的方法过程进行训练,通过运用创意设计方法提炼出网页创意的关键点,为后续进一步的网页详细设计做准备。

第5章

网页版式设计

🔍 **学习目标**

【知识目标】

- 了解网页版式设计的原理
- 了解网页版式设计的构成要素及特性
- 掌握网页视觉流程设计规律和方法

【能力目标】

- 熟练掌握网页版式编排设计的方法
- 能够对网页版式进行分析评鉴
- 能够灵活运用网页版式设计方法进行创新设计

版式设计又称排版，是设计中最重要的组成部分之一，它绝不仅仅是将漂亮的字体放在酷炫的背景上这么简单。然而，制作优秀的排版并不容易，雷区遍布，稍不注意就流于平庸。过于抠细节容易忽略整体的设计，过于强调视觉又容易忽视功能性，日常的误区之多难以想象。

➢ 如何排出层次感，让页面结构更加清晰？

➢ 网页版式设计中可以同时运用多种表现手法吗？

➢ 点、线、面的运用可以解决版式设计中的一切难题吗？

在浏览网页时，网页界面是人们与网路交流的一个介质层面，它是网页浏览者最直接的视觉体验。那么，在网页设计中为了更好地带给人的情感传递和视觉享受，首当其冲需要解决的即是网页的版式设计。可以说，版式设计的成功与否是网页设计的关键。

版式设计是网页艺术设计中不可缺少的设计内容之一，它不仅在二维的一面发挥其功用，而且在三维的立体和四维空间中也能感觉到它的艺术效果。网页版式设计是制造和建立有序版面的理想方式。它应该从整体出发把握网站的全局，确保设计出来的网站风格统一、形式统一、整体色彩高度统一。

网站页面的版式设计可以说是由平面设计延伸出来的，但又不完全等同于一般的平面设计。版式设计是通过文字与图形的空间组合，表达出具有美感的视觉效果与艺术气息。在网页艺术设计过程中，为了将丰富的意义和多样的形式组织成统一的页面结构，形式语言必须符合页面版式设计的内容，体现内容的丰富意义。

5.1 网页版式设计概述

5.1.1 网页版式设计的概念

网页版式设计是指在有限的屏幕空间内，根据设计师的想法、意图将网页的形态要素按照一定的艺术规律进行组织和布局，形成整体视觉印象，最终达到有效传达信息的视觉设计。它以有效传达信息为目标，利用视觉艺术规律，将网页的文字、图像、动画、音频、视频等元素组织起来，根据特定内容的需要进行组合排列，并运用造型要素及网页版式设计原理，把构思与计划通过视觉形式语言表达出来，产生感官上的美感和精神上的享受，并充分体现设计师的艺术风格。

5.1.2 网页版式设计中的点、线、面

微课
网页版式设计——
点线面

网页艺术设计是一个网站视觉传达的基础，它的主要作用是让浏览者更加轻松愉悦地获取所需信息。通过排版优化，使页面变得更加符合人的视觉浏览习惯，从感官上给人一种直接、美观、舒适的视觉感受。从艺术表现来看，将网页版式设计中的点、线、面进行合理组合，是网页版式设计的基本方法之一。

1. 网页版式设计中的点

点表示位置，没有长度没有宽度，是最小的单位。点是相对于其他元素的比

例而决定的,而不是由自身的大小而决定的,它是视觉设计的最小单位,越小的图形越容易被认为是点,理想的点是圆点,不规则的点一般多为异形。在网页版式设计中,可以将每一个独立的小形象都看作点,如一个连接按钮、一个文字、一个图标等。

点在网页设计中非常活跃,其形状、大小、位置、疏密变化都会给浏览者带来不一样的视觉感受,有时甚至产生出其不意的效果。独立的点可以集中人的视线,突出主题;有规律的点可以产生节奏感,活跃整个页面;有方向的点可以引导用户的视线,让页面变得整齐、有序,如图5-1所示。

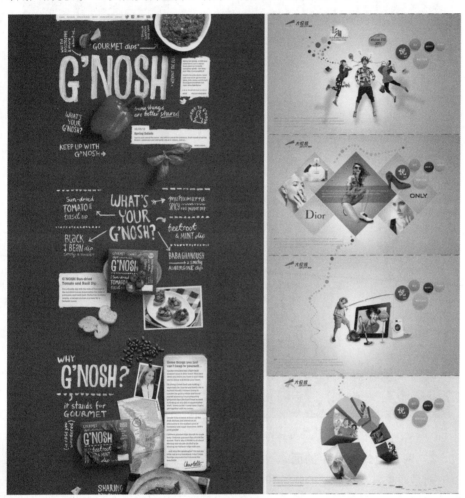

图 5-1 有方向的点可以引导用户的视线

2. 网页版式设计中的线

几何学中的线就是点的移动轨迹,没有宽度和厚度,只有长度和位置。但在网页版式设计中,线是有宽度和厚度的。线的粗细、长短、曲直、方向、形态的变化都会影响着整个网页版面的风格。水平的线开阔、安静、平和;垂直的线庄重、明快、挺拔;折线给人不安、焦虑的感觉,具有空间感;弯曲的线柔和、优雅、具有韵律美;粗线有力、有分量感;细线尖锐、单纯、精细。了解和掌握了线在页面中产生的各种情感联想,对网页设计具有很大的意义,网页版式中线的应用范例如图 5-2 所示。

　　在网页版式设计中，线还起着另一个至关重要的作用，那就是分割页面。合理的运用线条，并按照一定的比例分隔页面中的内容，能够使页面形成良好的秩序感和规律性，也是网页设计师有力的表现工具，线条用来分割页面的范例如图 5-3 所示。

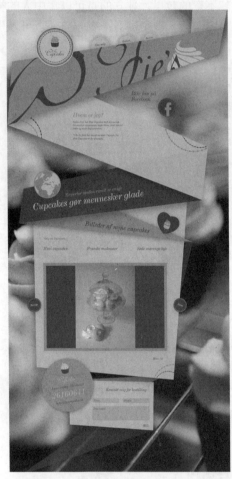

图 5-2　网页版式中线的应用范例　　　　　　图 5-3　线条用来分割页面的范例

3. 网页版式设计中的面

　　面是线重复密集移动的轨迹和线的密集形态，也可理解为点的放大、点的密集或线的重复。可以说任何版式设计的构成都离不开面的组合。由此可见点线面三者之间是递进的关系。面在空间上的占有面积也最多，由面引发的视觉冲击力更强。它主要分为几何形和自由形两大类。几何形的面让人有一种简单明了、规律有序、平稳牢固的感觉；自由形的面则具有轻松、活跃、洒脱、自由的感觉，自由形的面如图 5-4 所示。

　　合理有效的处理面在网页版式设计中的构成关系，可以使整个页面充满美感和艺术气息。在网页设计中，设计师要学会调整面与面的相互关系，如并置、叠加；调和面与面的对比；调整面在页面分割中的均衡与动感等，如图 5-5 所示。

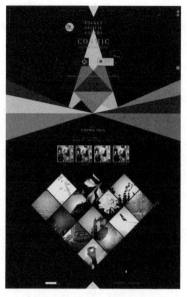 

图 5-4　自由形的面　　　　图 5-5　面在页面分割中的均衡与动感

5.1.3　网页版式设计的视觉流程

微课
网页版式设计的
视觉流程

人在浏览网页的整个过程中包括印象感知（第一印象）、运动感知（感知过程）、整体感知（最终印象）3 个心理感知阶段。在第一阶段视线并没有集中在页面的某一点上，而是对页面的总体认识，在这一阶段主要是页面的布局和色彩起着形成第一印象的作用。在第二阶段中，视线从视觉重点开始，按一定顺序浏览页面，当视线遇到较强烈的刺激时，就会停下来给予足够的关注。这一阶段设计者需要对页面各视觉元素进行合理编排，如利用线条的分割、颜色的渐变、具有方向性的图形、视觉元素的排列、图形的视觉张力等，带动浏览者根据设计的引导流程进行有效的视觉交互和信息传递。在第三阶段中，浏览者结束视觉流程，形成整体视觉印象，完成信息交流并离开。

网页的视觉流程设计无特定的模式，但无论采用何种视觉引导方式，都应该注意以下基本要求。

① 符合人的视觉习惯。这是网页的视觉流程设计的基本要求，做不到这一点，就将大大降低信息的识别度。

② 有效传达信息。视觉流程要保证可靠的信息传达，否则无论多么流畅自然的视觉流程设计也是无用的，网页的主题表达就是视觉流程设计的最终目的。

③ 突出主要信息。页面的编排要以突出主要信息为目标，组织页面的设计元素，合理引导视觉。

④ 保持视觉引导的节奏感和流程感。网页上的各种视觉元素要在一定空间内合理分布，使其位置、距离保持一定的节奏感，避免设计突变、不流畅的视觉引导路线，以便让浏览者在不知不觉中轻松、方便地浏览完页面。

视觉流程的分类有以下 6 种。

（1）常见视觉流程

用户在浏览网页时，按照浏览习惯以及编排习惯，通常都会是从上往下、从左至右，从左上到右下浏览。在一般情况下页面的上部、左部、左上部是整个版式的最佳视觉部位。设计者在进行网页编排时一般会把相对重要的信息摆放在相应位置，让浏览者可以在最短时间内获取重要资讯。

（2）单向视觉流程

在版式设计中，单向视觉流程是最常规、最基本的视觉流程样式。主要的线性视觉流程有纵向、横向、斜向 3 种形式。纵向视觉流程在版面中引导人的视线做直线的视觉流动，具有稳固画面、直观、确定、一目了然的效果；横向视觉流程在页面中引导人的视线做横向的视觉流动，给人以平静、沉稳的视觉感受；斜向视觉流程动态性很强，具有较强的个性特征，常用在表现突出动态或个性化的设计中。斜向视觉流程稳定性相对较差，需要注意画面的整体均衡。

（3）重心视觉流程

人们在浏览网页时，视线常常迅速由从左上至右下浏览画面，再通过屏幕正中心回到画面最吸引视线的中心点停留下来，这个中心点就是视觉重心。

视觉重心处于不同位置都会给人带来不一样的视觉感受，视觉重心处于画面右边会给人局限、拥挤、稳重的感觉；视觉重心偏向左边，会给人自由、舒适、轻松的感觉；视觉重心偏下，给人压抑、消沉、稳定的感觉。根据需求来决定视觉重心位置，能更好、更准确地传达信息。

（4）反复视觉流程

反复视觉流程是指由于相同或者相似元素的规律出现，而产生的一种有秩序和节奏的运动。设计者运用重复性的图案增强了浏览者对元素的识别性，加深了印象。

在完全相同的元素不断出现时，要注意运用不同的形式来表现，求同存异、稳中求变。由于网页技术特点决定了这种反复视觉流程是比较常见的视觉流程表现手法，在网页的导航设计、图片排列、文本信息等设计中常见这种排列手法。

（5）导向视觉流程

在网页设计中使用能引导浏览者视线的诱导性元素，令浏览者的视线能通过诱导按照设计者的布局进行一定顺序的运动，将所有元素从主到次、从大到小构成一个有机整体，形成一个重点突出、流程动感的视觉组合。设计者往往通过各种视觉符号，如文字、人物肢体动作、符号、箭头、特殊形象、对比色彩等诸多元素来引导浏览者按照设计者的思路和意愿浏览页面。

（6）散点视觉流程

散点视觉流程指版面中的视觉元素，包括图形、文字等视觉元素及其各元素之间的组成关系不拘泥于规则、严谨的理性编排方式，而是强调感性、自由、随意、分散的排列组合状态。在排列散点组合时要注意图片大小、主次、位置、方向的搭配。

5.2 网页版式设计的方法

进行网页版式设计需要注意两点，即网页版式设计的原则和表现手法。

5.2.1 网页版式设计的原则

微课
网页版式设计的原则

网页界面的主要目的是承载大量的信息，以满足人们了解自身所需信息的需要。设计的时候要能够使浏览该界面的读者清晰准确地掌握网页的整体布局和所呈现的信息内容。设计师的目的是把设定好的主题放在一个特殊的、有限的界面范围内给人们解读，以消费者能够接受为最低的基本要求，用产品的实用性来迎合消费者的心理需求。这就要求网页界面的设计不但要简单明了，而且要在展现艺术风格魅力的同时将设计的主题贯穿于视觉冲击的过程中。

网页版式设计的原则主要包括以下 3 点。

（1）风格迥异，主题鲜明

网页艺术设计是在一个屏幕大小的范围内传达信息。能够在有限的版面中正确的制定出网页版式设计的方向和风格是网页版式设计的关键。

网页设计的第一步，就是明确设计的主题。想要做到明确主题，就要掌握客户需求、把握受众群体以及明确设计目的，从专业设计者的角度为客户出谋划策。比如，当制作一个个人网站时，明确主题后，就要思考网站的目标对象是谁，是儿童、情侣、年轻人、中年人、男人、女人？他们的生活习惯、特征、心理共性、欣赏习惯是什么？通过何种途径吸引他们的注意？网页设计的风格应该如何确定等。其具体步骤如下：首先，利用表格将版面分割明确，并确定好主题、标题、内容的版面区域以及背景颜色。然后，明确导航设计，要求不仅要达到快捷、清晰的视觉效果，还要符合网页浏览的习惯。最后，首页的结构层次也要把握准确，要符合浏览者阅读的习惯和顺序。

图 5-6 为一款果汁饮品网站，网站版式设计直奔主题。为了突出果汁的新鲜感，在网站的版式设计上营造出水果采摘的劳作场景，并通过夸张放大的罐装果汁及缩小的人物造型形成强烈对比。

图 5-6 果汁饮品网站

（2）形式多变，内容统一

在设计领域，任何设计都离不开内容和形式。内容是一切设计要素的总和，是设计存在的基础；形式是构成内容诸要素的外部表现方式。内容决定形式，形式反作用于内容，两者之间属于相辅相成的关系。一个成功的网页版式设计必定是内容与形式的完美结合。

在网页设计中，若是一味追求花哨的表现形式，过分强调个性、讲独特并因此脱离内容，就会使网页空洞乏力。反言之，若是只注重内容，缺乏艺术表现，也会网页设计变得索然无味，更不会吸引人去浏览内容。因此，只有将两者有机结合，将正确的内容融入完美的表现形式，才能体现出网页设计独具的分量和特有的价值，内容与形式结合得较好的网站如图 5-7 所示。

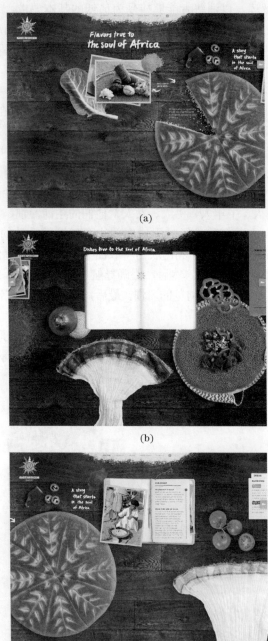

图 5-7　内容与形式结合得较好的网站

（3）正确引导，传达精准

任何设计的目的都是更好地服务于人，网页艺术设计作为直接与用户互动的门户平台，它的视觉设计必须符合用户浏览网站的习惯和需要，并且对于网站上的各种信息、操作和功能有正确的引导。现在的网站信息量巨大，往往会让用户陷入太多的选择之中。"能否让用户在巨大的信息量中迅速提取到所需的内容，这是衡量网站设计的一把标尺。"网页设计应该是一个合理计划组织的过程，设计者应该合理把握设计内容，并按照视觉心理规律和形式将主题主动地传达给用户，让用户更准确、更舒适、更愉悦地享受到网站提供的服务。好的网页设计，应让用户掌握所有操作的主动性，感觉上是产品在为用户服务，而不是程序在限制用户。合理组织信息的网站范例如图 5-8 所示。

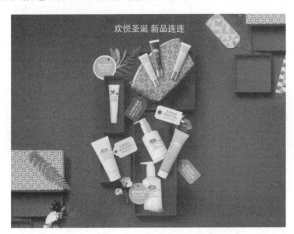

图 5-8 合理组织信息的网站范例

5.2.2 网页版式设计的表现手法

1. 节奏与韵律

节奏与韵律来自于音乐的概念。正如歌德所言："美丽属于韵律"。在网页艺术设计中，节奏是指连续且均匀的重复，是在不断重复中产生频率节奏的变化。也就是说网页构成的元素在组合时所形成的一种具有规律性重复的形态和构成。

韵律是节奏的变化形式，它将节奏的等距间隔变化为几何级数的变化间隔，让画面赋予强弱起伏、抑扬顿挫的规律变化，是版式产生舒缓有致的节奏感和韵律感，如图 5-9 所示。

微课
网页版式设计的
表现手法

(a)

(b)

图 5-9 舒缓有致的节奏感和韵律感

在网页艺术设计中，节奏和韵律往往相互依存，互为因果。韵律在节奏的基础上丰富，节奏在韵律的基础上发展延续。

2. 对称与均衡

网页艺术设计中的对称关系是一种较为严谨的表现形式。从网页版式的中心点，虚拟纵向、横向两条中心轴，将同形、同量、同色的元素平均分布在中心轴两边，使设计对象在形态和结构上保持完全相同的状态，如图 5-10 所示。

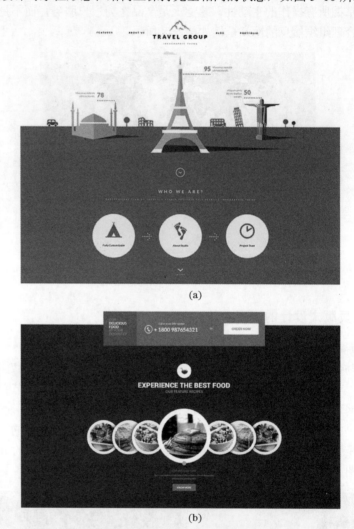

(a)

(b)

图 5-10　同形、同量、同色的元素平均分布

对称的表现手法可以给人一种沉稳、庄严、平稳的视觉感受，但也存在一定的缺陷，设计者在设计过程中需处理好各元素之间的关系，否则就会造成死板、老套的感觉。

均衡的表现手法主要是指将等量近似的图形、色彩、文字平均分布在中心轴线的上下、左右，来保证版式在结构上的稳定性和平衡感。在网页设计中，均衡的表现手法能使画面沉稳中富于变化，具有一定的变化美。

3. 对比与调和

对比与调和是版式设计中常见的表现手法，两者在定义上截然相反，对比是指在质或量方面有区别和差异的各种组成要素的比较，给人以强烈的视觉冲击力；调和的表现手法则是通过元素的合理编排，使画面达到和谐统一，如图 5-11所示。一般来讲对比强调差异，而调和强调统一。对比与调和之间属于辩证的关系，经常被使用在页面设计当中。

图 5-11   调和的表现手法

4. 秩序与特异

秩序是指将页面中的视觉元素有规律的排列组合，从而打造具有完整性和秩序性的页面效果。设计者可通过文字、图形、线条等设计元素的有序搭配使页面具有视觉秩序美。

在网页版式设计中，有时为了追求一种富于变化的页面效果，往往会采用特异的表现手法。特异是指有规律的突破，是一种在整体保持秩序感中的局部变化，特异的表现手法，往往能抓住浏览者的眼球，使整个页面成为最具动感、最引人注目的部分，如图 5-12 所示。

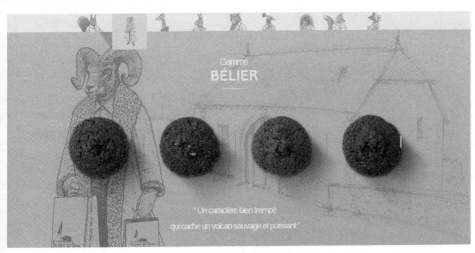

图 5-12   特异的表现手法

5. 虚实与留白

简单来讲，网页版式设计中虚实关系就是指视觉要素的模糊与清晰。在网页版式编排中，次要元素进行虚化处理，保留主题要素的清晰，使其形成鲜明对比，以达到强化主体的效果。

在中国传统书法中有"计白当黑"的金科玉律，这句话有力地阐述了"黑"与"白"之间的辩证关系。这样的表现手法也常常被运用在其他设计领域中，在网页版式设计中，文字内容属于"黑"，也就是实体，"白"则是指对比关系的虚实。留白是指页面版式设计中未放置任何图文的空白空间，是"虚"的特殊表现手法。巧妙地留白，利用该表现手法来打造空旷的背景画面，不仅为用户提供了舒适的浏览环境，同时能更好地烘托主题，使页面更有层次感，优秀的留白页面范例如图 5-13 所示。

(a)

(b)

图 5-13　优秀的留白页面范例

6. 变化与统一

变化的表现手法主要是通过强调物象间的差异性来使页面产生冲击感。换言之,变化主要是指相异的各种要素组合在一起形成了一种明显对比和差异的感觉。统一可以理解为版式中图形文字在内容上的逻辑关联,在网页版式设计中,统一主要包括版式设计的统一、字体的统一、设计风格的统一和色调的统一。

变化与统一是网页版式设计中最基本的也是最重要的表现手法。变化与统一之间存在着对立的空间关系,变化是形式,统一是根本。变化不是没有规则的变化,而是相对统一中的变化。在网页版式设计中既要追求版式、色彩的变化,又要防止要素的杂乱无章;在追求秩序美感的统一风格时,也要防止缺乏变化导致的单调、呆板,优秀的变化如图 5-14 所示。

(a)　　　　　　　　　　　(b)

图 5-14　优秀的变化与统一页面范例

5.3　网页版式设计实践

微课
网页版式设计实践

在进行网页版式设计时,首先要明确需要网站的主题,全面了解网站的综合信息和客户需求,只有这样才能设计出与网站主题统一的页面。其次,要深入网站所属行业当中,进行必要的市场分析,这其中包括目标用户的调研、客户需求分析。最后,根据用户和客户需求构建网站内容,确定设计主题和风格。下面就以"QQ 西游花祭"网站版式设计为例进行讲解。

5.3.1　综合分析

《QQ 西游》是一款以西游记为故事脚本的,提供穿越体验式的"妖—道—仙"三界为世界观的 3D 大型多人在线角色扮演游戏。"娶个妖精做老婆,喊个兄弟闹天宫，抓个神仙做奴隶，雇个魔王来上班"是《QQ 西游》的宣传语。而"QQ 西游花祭"网站旨在通过播撒花种送祝福的方式，来回馈忠实游戏玩家。掌握了以上设计内容之后，在设计时才能更贴近网站主题。

5.3.2 素材收集

就"QQ 西游花祭"网站而言，要想突出"花祭"送祝福赢礼包的主题，应从"花祭"入手，确定本网站为凄美、安静的基调。因此设计师在选择图片、色彩、字体方面也应符合网站的整体风格，建议选用以花或花瓣为主体形象的图片，纯度及饱和度相对较低的色彩及相对较正规的书法字体来进行网页版式设计。

5.3.3 绘制骨骼图

网页设计骨骼图是指通过点线面及基础的几何图形绘制出版式的间架结构及设计思路，让设计者的初步想法快速呈现出来。骨骼图的绘制既方便后续的修改和补充，也能使设计师更好的与客户沟通，让客户了解设计方向和设计意图，如图 5-15 所示。

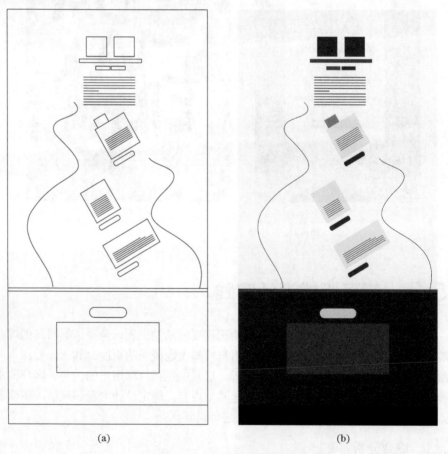

(a)　　　　　　　　　　　(b)

图 5-15　网页设计骨骼图

5.3.4 定制初稿

在绘制骨骼图后的沟通基础上，充分融入客户需求。"QQ 西游花祭"网站选用了留白的设计方法，第一屏内容制造出一个安静祭奠的气氛，余下的内容将继续保持凄美格调。第一屏效果如图 5-16 所示。

图 5-16 第一屏效果

用虚线和箭头隐喻花瓣飘落的曲线，曲线形态贯穿整体网页；利用"1、2、3"暗示浏览者关注正文内容；连贯的"花愿""花种""花瓣"版块，到最终的"花祭"版块，页面各元素效果如图 5-17 所示。

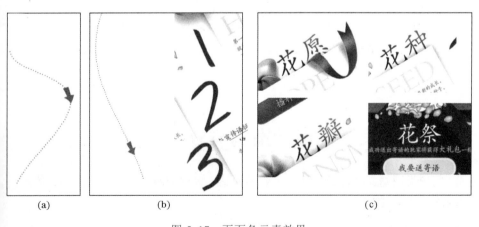

 (a)   (b)   (c)

图 5-17 页面各元素效果

5.3.5 定稿

将网页版式设计初稿进行最后微调，定稿。传送至指定网络服务器，全面上线，页面最终效果如图 5-18 所示。

图 5-18　页面最终效果

5.4　网页版式设计案例与分析

门户类网站、教育类网站、企业类网站、餐饮类网站、艺术类网站、休闲类网站的设计案例如下。

5.4.1　门户类

门户类网页版式设计较其他类型网页设计而言更加注重网站的整体设计，强调风格的一致性、平台的一体性、内容的整合性；信息分类比较明确，浏览导向清晰，优秀的门户类网页设计如图 5-19 所示；主要板块和次要板块划分得当。

图 5-20 为一生鲜食品的门户网站，该网站选用冷色调作为网站主体色，符合产品属性。明确的信息分类使消费者在浏览网页时能快速找到所需产品。

图 5-19　优秀的门户类网页设计

图 5-20　生鲜食品的门户网站

5.4.2 教育类

大部分教育类网站以提供咨询为主。其中部分教育类网站则是以宣传学校本身为主，另一少部分教育类网站则会提供在线的教育服务。考虑到教育类网站服务对象的年龄层次，在色彩的选择上多以轻松活泼的色系作为网站主体色，如红色、蓝色、绿色等。由于信息较多，在板块的划分上多以栏状结构为主；将学生活动的场景相片、校园新闻图片等居于网站最醒目位置，以此来营造网站的整体氛围，教育类网页设计如图 5-21 所示。

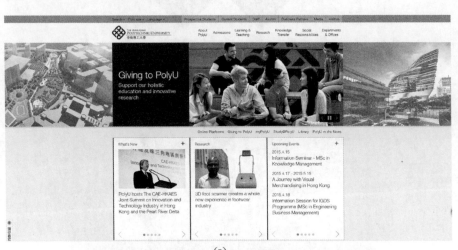

(a)

(b)

图 5-21　教育类网页设计

5.4.3 企业类

企业文化是网站的灵魂，企业产品是网站的血液。企业类网站要抓住这两个关键设计版式，在此版面的设计中将文字与图片相结合。图片一定要保持真实性。企业类网站在版式设计上较为严谨，统一的色调、统一的布局，整体感极强，给人以整齐、沉稳、可信赖的感受。在设置网站图片时一般会将主推产品或新产品放在网站的核心位置并占据较大的幅面，优秀的企业网页设计如图 5-22 所示。

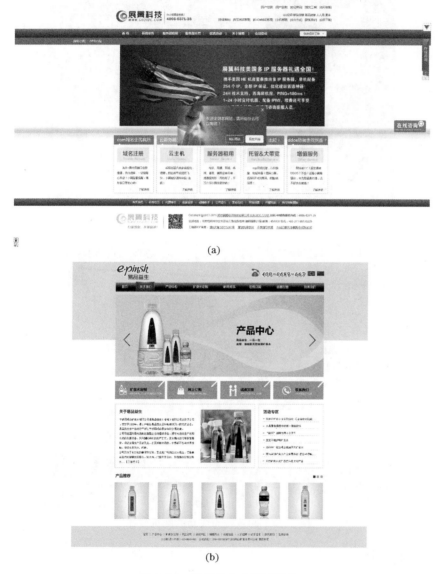

图 5-22 优秀的企业网页设计

5.4.4 餐饮类

餐饮类网站主题很明确，具有很强的识别性，图片能直观地展示产品，浏览者无需通过文字解读产品，页面中图片面积可以占到版面的很大一部分且主次明确，如图 5-23 所示。饮食类网站一般以直观的表达方式来突出主题。色彩搭配要对比强烈，能吸引人的注意。如采用红色、橙色和黄色，能引起人们的食欲；采用蔬菜自然的绿色，在炎炎夏天可以给人清凉的感觉等。配色较为成功的网页设计如图 5-24 所示。

图 5-23　页面中图片面积可以占到版面的很大部分

图 5-24　配色较为成功的网页设计

5.4.5　艺术类

艺术类网站是最生动、最具有感召力的。网页布局灵活、视觉元素多样、页面具备视觉冲击力是艺术类网页版式设计的特点。艺术类网站的版式风格是可以独树一帜、不拘小节的，如图 5-25 所示。艺术类网站在色彩的搭配上多使用邻近色或强烈的对比色，让网站有视觉的跳跃性以突出设计网站的特点，有视觉跳跃性的网站如图 5-26 所示。

图 5-25　独树一帜的艺术类网站

图 5-26　有视觉跳跃性的网站

5.4.6 休闲类

休闲类网站的特点在于能够为用户营造一个轻松愉悦的氛围，通过打造网站设计的趣味性及与用户间的互动，提升网站的视觉吸引力。在版式设计上，休闲类网站并无规律可循，不同类型的休闲网站，应根据产品的类型和特点设计网站风格，优秀的休闲类网站范例如图 5-27 所示。

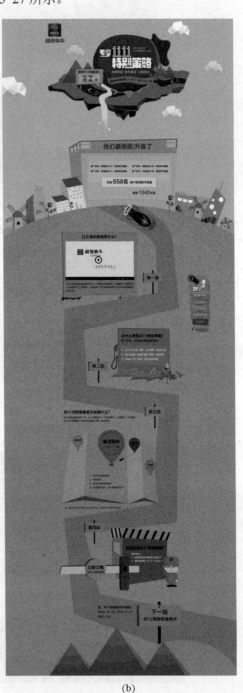

(a)　　　　　　　　　　　　　　(b)

图 5-27　优秀的休闲类网站范例

5.5 网页版式设计训练

任务 1　点、线、面元素的运用

参照以下素材（如图 5-28 所示），在网页设计中合理运用点线面元素，形成特定的风格，从而自己完成一个美食类网站版式设计。

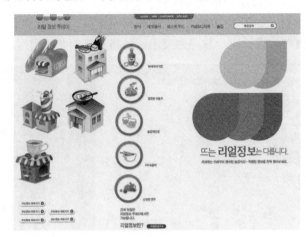

图 5-28　任务 1 素材

要求如下。

① 运用版式设计中点线面的构成法则，对网页版式进行编排设计。

② 要求主题明确、层次结构清晰，版面具有平衡感，符合阅读要求。

③ 注意把握在网页版式设计中的原则，合理运用点、线、面之间的关系，避免造成版面呆板。

任务 2　表现手法的运用

请根据提供的素材（如图 5-29 所示），在时尚类网页设计中合理运用节奏与韵律的表现手法，注意把握构图及画面的稳定性，抓准流线型线条的走向及组合方式。

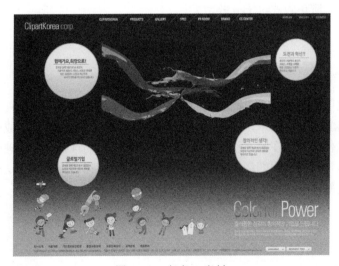

图 5-29　任务 2 素材

要求如下。

① 请运用 1～2 种版式设计的表现手法，对网页版式进行编排设计。

② 要求主题明确、层次结构清晰，版面具有平衡感，符合阅读要求。

③ 注意把握在各个元素的尺寸、比例、前后关系，合理的调整流线型元素的大小，让画面更加稳定、和谐。

任务 3 版式设计原则的运用

参照以下素材（如图 5-30 所示），把握网页版式设计的原则，将元素按照一定的规律进行排布，设计出一款主题突出、风格独特的儿童类网站。

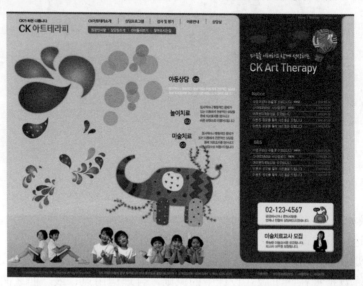

图 5-30 任务 3 素材

要求如下。

① 把握网页版式设计的原则，通过排版强化儿童类网站的风格。

② 主题突出，视觉中心明确，内容多变且统一。

③ 在处理散点较多的素材时，请注意分配素材的主次关系，特别是点和面之间的关系，避免版式过于分散。

5.6 小结

在网页版式设计中，界面版式的构成是信息传播的桥梁，也是视觉传达的重要手段。科学的编排技术，以及实用性与艺术性的合理运用，才能成就更快、更准确的信息传递。但在版式设计的过程中要避免元素的堆积，充分理解版式设计原则，将本章中点线面的运用与表现手法融会贯通。在使用表现手法的过程中，合理运用一到两种表现手法即可。

第6章

色彩设计

学习目标

【知识目标】

- 掌握色彩的基本理论基础
- 了解色彩的心理效应与情感表达
- 认识网站风格与色彩的关联
- 了解网页色彩搭配的原理

【能力目标】

- 熟练掌握网页色彩搭配方法
- 能根据用户需求设计合理的色彩搭配方案
- 能够对网页色彩进行分析评鉴
- 能够灵活运用网页色彩设计方法进行创新设计

试想一下，一直面对色彩单调的网页工作会是怎样的无趣。相信网页设计师很多的灵感将无法发挥，也会给用户造成视觉疲劳，失去视觉吸引力。色彩作为网页设计中必不可少的一部分，它是用户视觉对网页的第一印象。

> ➢ 色彩的基本属性是什么？
> ➢ 每种色彩带给人的心理效应分别是什么？
> ➢ 色彩的搭配方法是什么？
> ➢ 在了解色彩原理的基础上如何设计一个富有创意的色彩搭配？

6.1 网页色彩的理论基础

微课
网页色彩的理论基础

一个优秀的网页设计不仅仅是版面、图片和文字的合理构成，它还包括色彩的搭配在网页设计中的运用。色彩是网页设计的一个重要组成部分，它是给予浏览者最持久视觉心理的网站形象元素。网页中色彩的运用和组织，要时刻与版面中的形态要素相结合，二者互为载体。

6.1.1 色彩的属性

色彩的表示可分为混色系统和显色系统。

混色系统又分为色光混合和色彩混合，又称加色混合和减色混合。在舞台灯光中使用的色彩混合为色光混合，而绘画时常用的调色法即为色彩混合。

显色系统的理论依据是把现实中的色彩按照色相、明度、纯度三种基本性质加以系统地组织，然后定出各种标准色标，并标出符号，作为物体的比较标准。

色彩的属性分为色相、明度和彩度。在网页色彩的搭配运用中，不可能总是使用红、绿、蓝（RGB）这样基本的三原色，为了使页面的颜色在视觉上显得更加舒适、协调，设计者往往得会运用各种色系中不同彩度、明度的颜色。

1. 色相

指色彩的名称，如红、绿、蓝等。在诸多颜色当中，最基本的色相为红、橙、黄、绿、蓝、紫。分别在这两个相邻的基本色相中间插入一两个中间色，如红、红橙、橙、黄橙、黄、黄绿、绿、绿蓝、蓝、蓝紫、紫、红紫，就构成了 12 种基本色相环（如图 6-1 所示）。

2. 明度

指色彩的明暗程度，以无彩色来说，最亮的是白色，最暗为黑色，黑白之间是不同程度的灰色，都具有明暗程度的表现；有彩色则是依据本身的明亮度值，依靠加减灰、白来调节明暗色彩的明度变化（如图 6-2 所示）。

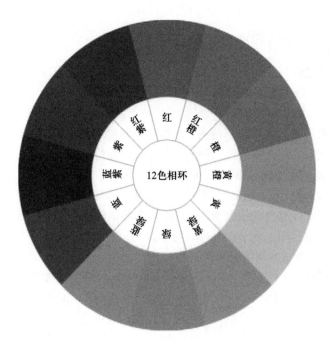

图 6-1 12 种基本色相环

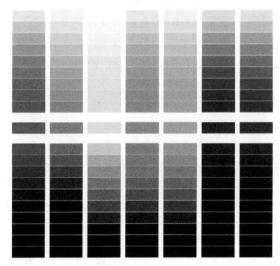

图 6-2 色彩的明度变化

3. 彩度

同一种色相也有强弱之分，也称饱和度不同。彩度常使用高低来描述，彩度越高，颜色越纯、鲜艳；彩度越低，颜色越干涩、浑浊（浅色、纯色、暗色的区别如图 6-3 所示）。

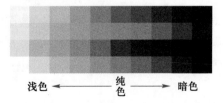

图 6-3 浅色、纯色、暗色的区别

6.1.2 光的三原色与印刷三原色

无法由其他任何色彩混合调配而得的基本色彩被称之为原色。原色又分为光的三原色与印刷三原色。

1. 光的三原色

人的肉眼所见的各种色彩是由于光线有所不同的波长所产生，经实验发现，人的眼球对红光、绿光和蓝光三种波长的光线感受特别强烈，只要适当调整这三种光线的强度，几乎就可以让人感受到自然界中所有的颜色。光的三原色即红（red）、绿（green）、蓝（blue），所有的彩色荧幕都具备产生上述三种基本光线的发光装置，因此计算机就依据 R、G、B 三个数值的大小来表示每种颜色，RGB 这三种颜色的组合几乎能形成所有的色彩。

RGB 三种色彩两两混合可得到更亮的中间色，如红+绿=黄（yellow）、红+蓝=洋红（magenta）、蓝+绿=青（cyan），而 RGB 三色重叠则为白色，属于加色混合。当某种颜色完全不含另一颜色时，二者为补色。加色混合的色彩关系如图 6-4 所示。黄色由红绿合成，完全不含蓝色，即黄色为蓝色的补色，同理可推其他色彩的关系。

加色混合指色光的混合，光度会提高，混合色的总亮度等于相混合各色光亮度总和。色光混合中，三原色 RGB 都不能用其他色光相混合产生。红加绿混得黄色光，绿加蓝混得青色光，蓝加红混得紫色光，黄、青、紫色光为间色光。当三原色光按照一定比例相混时所得的光是无彩色的白色光或灰色光。

2. 印刷三原色

颜料的特征刚好和光线相反，颜料的色彩显示原理是吸收光线而非增强光线，因此印刷三原色青（cyan）、洋红（magenta）、黄（yellow）必须可以吸收红、绿、蓝的光线，也就是它们的补色。理论上，印刷三原色混合后可吸收所有的红、绿、蓝光而得到黑色，但 CMY 这三种颜料无法混合出许多暗色系的色彩，为弥补这一缺点，印刷时会额外加入黑色颜料，以解决无法产生纯黑色的问题，因此也就有了 CMYK 色彩减法混合模式，K 代表黑色（如图 6-5 所示）。

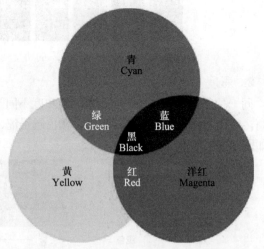

图 6-4　加色混合的色彩关系　　　　图 6-5　CMYK 色彩减法混合模式

减色混合：主要指色料的混合，颜料的混合属于色彩的减色混合。减色混合的三原色是加法混合三原色的补色，即洋红、青、黄。二种原色等比例相混产生的颜色为间色：洋红加青混得蓝色，青加黄混得绿色，黄加洋红混得红色。减法混合中混的色彩越多，明度和纯度就越低。

为了在网页设计中更好地运用丰富的色彩，除了三原色设计师还应了解一些其他的色彩关系。

① 对比色。是人的视觉感官所产生的一种生理现象，它源自视网膜对色彩的平衡作用。在 24 色相环上相距 120 度到 180 度之间的两种颜色，称为对比色（如图 6-6 所示）。

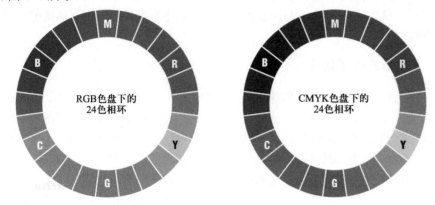

图 6-6　对比色

网页设计中对比非常重要，且有不同的应用方式。例如，白底黑字非常容易阅读，黑底白字也会产生强烈对比，但就视觉来说它阅读起来会比较困难，因为黑色相对白色或其他颜色来讲看起来有一种沉重感和压抑感。类似的对比效果也同样发生在暖色和冷色之间，暖色有些微冲出荧屏的感觉，而冷色又会让视觉有后退的感觉，这就意味着暖色、暗色适用于文本，而冷色、亮色更适合于作背景。

② 间色。又称次生色，指橙色、绿色、紫色。间色是由两种原色调配而成的，在 CMYK 色彩体系中，红+黄=橙、黄+蓝=绿、红+蓝=紫。

③ 复色。又称三次色，由两种间色或由原色与间色混合而产生的颜色，复色的纯色降低，色相不鲜明，含有灰色成分。

④ 同类色。指同一色相，不同明度变化的颜色。即两色属同一类颜色，只是深浅、明暗不同，同类色搭配能起到色调调和、统一，又有微妙变化的作用。

⑤ 暖色。顾名思义就是让人看了有温暖感的颜色，色环中红、橙一边的色相称暖色，能带给人温馨、和谐、温暖的感觉。这是出于人们的心理和感情联想。它会使人联想到太阳、火焰、热血、饱满、张扬、激动、暴躁、血腥，象征生命、火焰、愉快、果实、明亮等，因此给人们一种温暖、热烈、活跃的感觉。

⑥ 冷色。色环中蓝、绿一边的色相称冷色，它使人们联想到海洋、蓝天、冰雪、月夜等，给人一种阴凉、宁静、深远，死亡，典雅、高贵、冷静、暗淡、灰暗、孤僻、寒冷、忧郁、悲伤、宽广、开阔的感觉。

6.1.3　HTML 语言对色彩的描述

网页中指定的色彩主要运用十六进制数值的表示方法，为了使 HTML 语言能表现 RGB 色彩，计算机使用十六进制数 0～255，改为十六进制值就是 00～FF，以 RGB 的顺序罗列，形成 HTML 色彩编码。例如在 HTML 编码中#000000 表示完全无光的状态。相反，编码#FFFFFF 表示 RGB 都是 255 最明亮的状态。

6.1.4 网页安全色

网页安全色主要指 RGB 颜色数字信号值（DAC Count）为 0、51、102、153、204、255 等数字时所构成的颜色组合，共有 216 种颜色，其中彩色为 210 种，无彩色为 6 种。这 216 种网页安全色在显示徽标或二维平面效果方面很完善，但在实现高精度渐变效果或显示真彩图像或照片时会有一定欠缺。而一些非网页安全色在设计中却能做到让人耳目一新，所以在网页色彩设计时应更好地搭配使用安全色和非安全色。

6.1.5 色彩的心理效应

微课
色彩的心理效应 1

色彩的心理效应是与人的感觉（外界的刺激）和人的知觉（记忆、联想）联系在一起的，每个人对色彩的感觉是有差异的。由于国家、种族、宗教和信仰的不同，以及生活的地理位置、文化修养的差异等，不同的人群对色彩的感觉程度差异也很大，因此在网页设计中更多的是要考虑浏览人群的背景和构成。

色彩的直接心理效应来自色彩的物理光对人的生理发生的直接影响。对于颜色的物质性印象，大致分冷暖两个色系，冷色和暖色是依据人的心理感觉对色彩的物理性分类。波长长的红、橙、黄色光有温暖感；相反，波长短的绿、蓝、紫色光有寒冷的感觉。以上颜色的冷暖感觉并非来自物理上的真实温度，而是与我们的视觉和心理联想有关。冷色与暖色除去给人们温度上的不同感觉以外，还会带来其他的一些感受，例如重量感、湿度感等，比方说暖色偏重，冷色偏轻；暖色有密集的感觉，冷色则有稀薄的感觉。两者相比较冷色的透明感则比暖色更强；且冷色显得湿润，暖色显得干燥；冷色给人的空间感比暖色遥远。除了色相能带给人明显的心理区别外，色彩的明度与纯度也会引起人对色彩物理印象的错觉。一般来说，颜色的重量感取决于色彩的明度，暗色使人感觉沉重，亮色则显得轻便；纯度与明度的变化给人以色彩软硬的印象，如淡的亮色给人以柔软感，暗的纯色则有强硬的感觉。

1. 黑白灰系列

色彩能使人产生联想和感情，充分利用色彩的情感规律，可以更好地表达设计所要传达的主题，唤起人们的情感，引起人们对网站的兴趣。黑白灰形式语言是一种特殊的艺术表现形式，如果能合理地将其与其他色彩搭配运用将会释放更强烈的感情色彩，因为黑白灰是平衡其他彩色的基础。

随着现代社会工业化、信息化进程的加快，人们开始对一些高纯度、高明度的色彩产生了审美疲劳，于是在视觉上开始寻求一种更直接、和谐的感受。而黑白灰本身的特性恰恰符合这一现代化的心理需求，作为设计师理应从人们的心理需求和精神渴望出发来设计作品，黑白灰在设计元素里逐渐成为设计师们的最爱，它们以其独特的情感表达力及强大的色彩协调力，"低调"地调和了人们生活中的色彩，促使设计者更理性地运用色彩。

黑色与白色表现出两个极端的亮度，这两种颜色的搭配通常能表现出都市化的感觉。如能有技巧地使用黑、白二色，甚至可以实现比彩色搭配更生动的效果。黑色有很强的感染力，它能表现出特有的高贵感 （如图6-7所示）。

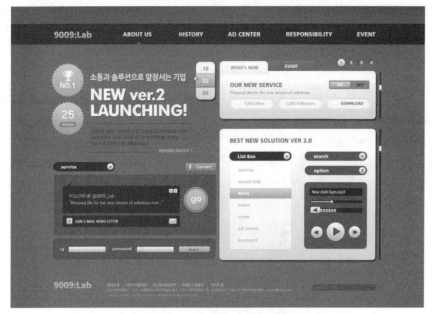

图 6-7　黑色特有的高贵感

① 黑色。黑色是暗色，是纯度、色相、明度最低的无彩色。从心理上来说黑色是一个很特殊的消极色，它本身虽无刺激性，但与其他色彩配合却能取得很好的视觉及心理上的效果。黑色具有高贵、稳重、深沉、庄重、成熟、黑暗、罪恶、坚硬、严肃、恐怖、刚正、沉默等意象特征（黑色为主色的网页设计如图6-8所示）。自古以来世界各族都公认黑色代表死亡和悲哀，意味着不详和罪恶，有着一种变幻无常的感觉。

图 6-8　黑色为主色的网页设计

② 白色。其明度相当高，能满足人视觉上的生理要求，与其他色彩混合均能取得很好的效果。白色具有洁白、明快、纯粹、朴素、神圣、正义感、光明、清晰、纯真等心理特征（白色为主色的网页设计如图 6-9 所示）。以白色为主色调搭配淡色，会让整个页面给人一种朴素、淡雅、干净的感觉。

图 6-9　白色为主色的网页设计

③ 灰色。它完全是一种被动性的颜色，分辨性、注目性都很低，所以很少单独使用，一般靠与其他颜色的搭配来获得生命力。由于灰色的性质很顺从，与其他任一颜色搭配都能取得很好的效果，它能在色彩搭配中起到平衡作用，往往能使颜色的搭配具有高级感。灰色具有平凡、无聊、模棱两可、消极、谦虚、颓废、随意、顺服、内向、暧昧等心理含义（灰色为主色的网页设计如图 6-10 所示）。

图 6-10　灰色为主色的网页设计

2.　七大色系

传统色谱所指的七大色系主要为红、橙、黄、绿、青、蓝、紫。

① 红。红色的色感温暖，性格刚烈而外向，是一种刺激性很强的颜色。它除了具有较佳的视觉效果，更被用来传达活力、积极、热诚、温暖等印象，另外该色也常作为警告、危险、防火等标志的用色。红色在不同明度、纯度的状态（粉红、鲜红、深红）里所表达的情感是不一样的。在网页设计用色中，纯粹使用红色为主色调的网站相对较少，通常是配以其他颜色进行调和。红色多用于饮食类网站，它强烈的色彩感总能刺激到人们的味蕾（红色为主色的网页设计如图 6-11所示）。不同彩度的红色给人的视觉心理感受是不一样的，如玫红给人以青春、时尚感，而紫红则多了一份神秘的女人味（如图 6-12 所示）。

微课
色彩的心理效应 2

图 6-11　红色为主色的网页设计

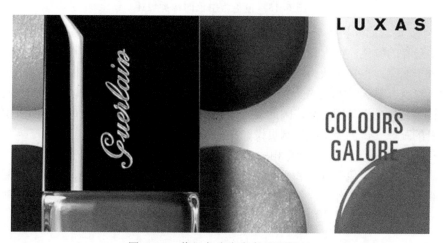

图 6-12　紫红色为主色的网页设计

② 橙。橙色具有轻快、欢欣、收获、温馨、时尚的视觉效果。在整个色谱里，它具有极高的兴奋度，是最耀眼的色彩，给人以华贵而温暖的感觉，属暖色调也是令人振奋的颜色，有健康、活力、勇敢自由等象征意义。在网页颜色里，橙色适用于视觉要求较高的时尚网站，由于其是容易引起食欲的色彩，则常被用于食品网站，（橙色为主色的网页设计如图 6-13 所示）。但橙色不能高饱和度大面积使用，最好搭配白色或少量对比色，这样能缓解过于火热、闷的视觉感受。

图 6-13 橙色为主色的网页设计

③ 黄。如同橙色与红色，黄色也属于暖色系。黄色的波长适中，是所有色相中最亮的颜色，给人轻快、透明、辉煌、充满希望和活力的色彩印象。由于此色过于明亮，也常被认为轻薄，冷淡；性格非常不稳定容易发生偏差，稍添加别的色彩就容易失去本来的面貌。它还象征着权利，具有神秘的宗教色彩。在网页设计中黄色由于其明度高，因此具有扩张和不安宁的视觉印象，也较容易吸引浏览者的眼球（黄色为主色的网页设计如图 6-14 所示）。

④ 绿。绿色与人类息息相关，是永恒的自然之色，代表了生命和希望，也充满了活力。绿色象征着和平与安全，发展与生机、舒适与安宁、松弛与休息，有缓解眼部疲劳的作用。绿色性格最为平和、安稳、大度、宽容，是一种柔顺、恬静、优雅的颜色，在网页色彩运用中被广泛采用。

图 6-14　黄色为主色的网页设计

　　青绿色给人带来凉爽清新的感觉，可以镇定兴奋的情绪（绿色为主色的网页设计如图 6-15 所示）。青绿搭配黄色、橙色可以营造出亲切、可爱的气氛；若与蓝色、白色搭配则可得到清新爽朗的效果。青绿色可以视为草绿色健康感和蓝色清新感的结合，心理学家分析说青绿色能带给心情低迷的人特殊的信心和活力。

图 6-15　绿色为主色的网页设计

　　⑤ 青。青色是在可见光谱中介于绿色和蓝色之间的颜色，青是一种底色，清脆而不张扬，伶俐而不圆滑，清爽而不单调。青色是中国特有的一种颜色，在中国古代社会中具有极其重要的意义。青色象征着坚强、希望、古朴和庄重，传

统的器物和服饰常常采用青色。饱和度低的青色搭配白色，给人清新、自然、宁静的视觉感（青色为主色的网页设计如图 6-16 所示）。

图 6-16　青色为主色的网页设计

⑥ 蓝。蓝色是色彩中比较沉静的颜色，象征着永恒与深邃、高远与博大、壮阔与浩渺，是令人心境畅快的颜色。蓝色的朴实、稳重、内向等性格，能够衬托那些性格活跃、具有较强扩张力的色彩，同时也活跃了页面；另一方面蓝色也有消极、冷淡、保守等意味。蓝色与红、黄等颜色配合得当可以构成和谐的对比调和关系，因此也成为网站设计中运用得最多的颜色，浅蓝色系传达着淡雅、清新、浪漫、高级的心理感受。不同明度的蓝色与黑白两色的搭配总给人严谨、开阔、凉爽的视觉感，常用于企业、教育、旅游等网站。不同明度的蓝色搭配，使得页面的色调既统一又不失生动感（蓝色为主色的页面设计如图 6-17 所示）。

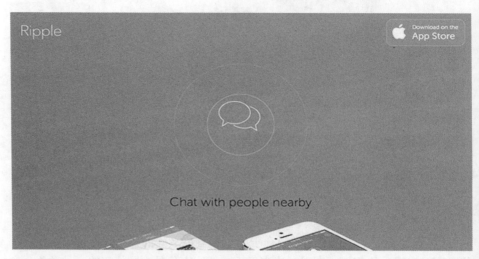

图 6-17　蓝色为主色的页面设计

⑦ 紫。紫色是一种在自然界中比较少见的颜色，象征着女性化，代表高贵与奢华、优雅与魅力、也具有庄重、神圣和浪漫的品质；另一方面又有孤独、神秘等意味。紫色的明度在有彩色中是最低的，紫色的低明度给人一种沉闷、神秘的感觉。在紫色中红色成分较多时，显得华丽、和谐。在紫色中加入少量黑色具有沉重、庄严的感觉，加入白色则变得优雅、娇气，并充满女性的魅力。紫色应用于儿童网站多为低饱和度紫给人以柔和、无限遐想的神秘感。紫色通常用于女性网站，较暗的紫色可表现出成熟的感觉，但大多数女性网站采用轻快明亮的紫色以便于更好地展示女性的柔媚和神秘感（紫色为主色的网页设计如图 6-18 所示）。

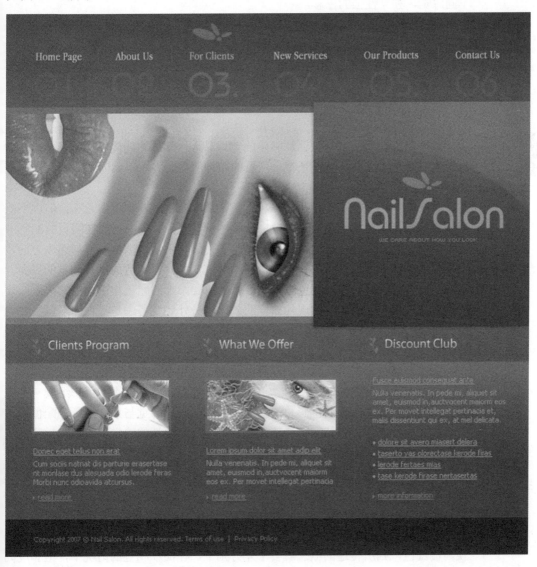

图 6-18 紫色为主色的网页设计

6.2 网页色彩的搭配方法

6.2.1 网页色彩搭配的原理

色彩搭配要遵守以下 4 个原则。

① 色彩的鲜明性。为在众多的网站中脱颖而出，引人注目往往需要有鲜艳的色彩来突出重点。

② 色彩的独立性。想让浏览者对网站留下深刻印象，设计师需要搭配一种不同感觉，独立性强的色彩。

③ 色彩的适宜性。主要强调色彩的搭配与网站所要传递的信息内容相匹配、适应，例如用粉色体现女性站点的柔美性。

④ 色彩的联想性。不同的色彩会带给人不一样的联想，在选择色彩时要与网站的内涵相关联。

6.2.2 网站主题色的搭配

一个网站的页面就是设计师眼中的艺术品，网站的主题离不开色彩的表达，色彩就好比艺术品的灵魂，是整个网页的精神所在，因此不同的主题就应搭配与之相匹配的色彩关系。

一个网站不可能单一地运用一种颜色，那样会让人感觉单调乏味；但也不能把所有的颜色都运用到页面设计中，让人感觉花哨、眩晕。一般在网页的配色中会采用一或两种主题色，这样的目的是为了使浏览者在视觉上不容易迷失方向，也不至于单调无趣。页面的有彩色最好不超过 4 种，以免造成没有侧重的局面。当确定好主题色后，添加配色时一定要考虑所要添加的配色与主题色的关系，要清楚它们的搭配是为了要体现什么样的效果，另外还要考虑是哪种因素占主要地位，是明度、纯度还是色相，只有确定了这些主次关系才能带给浏览者主题鲜明的网页设计。

网页色彩的搭配会形成一个总体的色调，色调是指色彩的浓淡、强弱程度，是色彩状态的表现。网站的页面总是由具有某种内在联系的不同色彩组成一个完整统一的整体，形成画面色彩总的趋向。色彩给人的感觉与氛围是影响配色视觉效果的决定性因素，为使网页的整体画面呈现稳定协调的感觉，可把视觉角色主次位置分为如下 4 个概念，以便在网页设计配色时更易掌握主动权。

① 主色。也就是页面色彩的主要色调、总趋势。它可以决定整个网页的风格以确保正确传达信息。色彩伴随在形式需求之中，充当重要的情感元素。每种色彩都有深刻的文化积淀，当一种色彩成为主角时，它可以决定作品的文化方向。如当你想要表达冷静、有效率时，通常选择蓝色为主色。若弄错这个主彩色而更换为橘红色，则所传递的概念就会千差万别了。在面积相等的情况下，饱和度高的色彩容易成为主色；而基调相同的色彩中，面积的大小就可以决定谁是主色；如一个页面具有吸引视线的视觉中心时，视觉中心所呈现的颜色会成为主色，反之当为承载主要信息的对象分配颜色时，则需谨慎配色。双主色设计较之单主色来说更加难控制，但也因此更有个性。

　　② 辅助色。仅次于主色调的视觉面积辅助色，它的存在是用于烘托、支持、融合主色调的，辅助色的功能在于帮助主色建立更完整的形象，辅助用色的标准是：去掉它，画面不完整；有了它，主色更显优势。辅助色与双主色的区别在于，前者的第二种颜色可被替代，而后者却不能。

　　③ 背景色。衬托环抱整体的色调，起协调、支配整体的作用。背景色是特殊的辅助色，白色的背景色通常是因为阅读的需要，而其他的背景色往往是因为设计的需要，而背景色本身不见得是主角。

　　④ 点缀色。点缀色的功能通常体现在细节上，多数是分散的，且面积比较小。它的特点是出现次数较多；颜色跳跃；与页面其他颜色形成较大反差，以强烈的对比来突出主题效果，使页面更加鲜明生动。网站主题色的搭配范例如图 6-19 所示，页面的主色为粉红色，辅助色为白色，紫色和黄色则是它的点缀色。

图 6-19　网站主题色的搭配范例

6.2.3　配色印象空间

　　在配色中，色相环中相距较远的颜色之间印象会有较大的差异（如图 6-20 所示），而距离较近的颜色之间印象会比较相似，颜色的距离与印象中的差异程度成正比例关系。给人静态、柔和感觉的配色通常都是隐约柔和颜色间的搭配；给人动态、柔和感觉的配色通常是鲜艳颜色间的搭配；给人动态、生硬感觉的配色通常都是鲜亮颜色和浑浊暗淡颜色间的搭配；给人静态、生硬感觉的配色通常都是灰冷颜色间的搭配。

微课
配色印象空间

图 6-20 色相环

（1）暖色系的配色方案

暖色由红色调构成，如红色、橙色和黄色。这些颜色给人以温暖、舒适、有活力的感觉，在页面上更显突出，产生的视觉效果更贴近浏览者。红色是彰显热情的色彩，给人留下强烈的印象，刺激人的情感。高纯度红色的特征基本不受形状、材质的影响，面积越大视觉冲击效果越强。当网页想要营造强烈印象时，鲜艳的红色无疑是最佳选择。同时暖色系色彩的搭配还有增进食欲，营造热情、温暖、优雅、时尚、活泼、可爱等不同印象的作用（暖色系的配色方案如图 6-21 所示）。

图 6-21 暖色系的配色方案

（2）冷色系的配色方案

冷色来自蓝色调，如蓝色、青色和绿色。这些颜色使配色方案显得稳定和清

爽。它们看起来还有距离感，所以适于做页面背景。与暖色系相对，冷色系中的
蓝色往往使人感到寒冷和阴暗。同时也起到稳定情绪，营造温和、安逸氛围的作
用（冷色系的配色方案如图 6-22 所示）。

图 6-22　冷色系的配色方案

（3）相似色配色方案

在色彩圆环上选择彼此相邻的几种颜色构成的配色方案就是相似色方案。例
如橙色、橙红色以及橙黄色就可以组成一个相似色方案。使用相似色配色方案可
以给人非常协调的感觉，因此在网站设计中很常用。典型的运用方法就是，用一
种颜色作为页面背景，而另外一种在颜色环中与其相邻的颜色作为前景色。除绿
色和黄色之外，蓝色和绿色以及红色和褐色都是比较常用的相似色配色方案（相
似色配色方案如图 6-23 所示）。

图 6-23　相似色配色方案

（4）互补色配色方案

在色彩圆环上沿直径相对应的两种颜色构成一对互补色。互补色方案的配置虽然略显繁琐，但是在目前的网站设计中非常流行，因为互补色适合于营造活泼时尚的效果，让网站魅力四射（互补色配色方案如图 6-24 所示）。

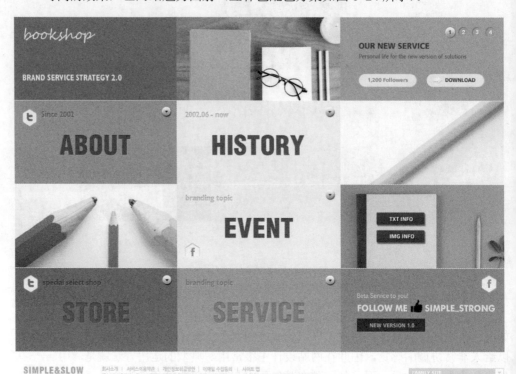

图 6-24　互补色配色方案

6.3　网页色彩的实践

微课
网页色彩的实践

购物网站的设计是具有商业目的性的，为的是借助网站展示和销售产品，并且达到宣传品牌和企业形象的效果。所以网站的配色需要根据商品的特点和消费人群的类型来决定。

6.3.1　明确网站的目的和用户需求

网站的设计是展示品牌形象、销售商品和服务客户，体现商品特点的门户。它需要根据消费者的需求、市场的行情、企业自身的发展状况等进行综合分析，通常是以吸引消费者的眼球为导向来设计的。如婚恋网站常以粉色为主色（如图 6-25 所示）。跳跃明亮的色彩更符合儿童网站的主题（如图 6-26 所示）。

图 6-25　婚恋网站常以粉色为主色

图 6-26　儿童网站常以明亮色彩为主色

6.3.2 按商业活动分类

通过购物网站购买需要的商品或服务，从交易双方的身份分类可分为 3 种，即商家对商家、商家对消费者或消费者对消费者。例如，1 号店网站的电子产品促销活动采用大红色作为背景色，一方面吸引了消费者的眼球，另一方面传递了折扣给消费者带来的喜庆视觉感受，增强了消费者的购买欲（1 号店网站页面设计如图 6-27 所示）。

图 6-27　1 号店网站页面设计

6.4　网页色彩设计案例与分析

微课
网页色彩设计案例与
分析 1

6.4.1　地区风格与配色

由于各国民众在色彩喜好上的不同，网站的目标地区的设计风格与配色习惯也是设计者在进行色彩配置时必须考虑的重点，在选择适合的配色方案时应形成鲜明的地区风格。以下列举一些国家和地区的网站风格。

1．韩国风网站的配色

韩国的网页设计发展迅速，水准较高，其商业性网站很具代表性，色彩丰富独特但不杂乱。韩国设计者色彩运用得当，搭配的效果要么淡雅迷人，要么另类大胆。韩国网站在表达不同主题时比较喜欢采用不同的色调，灰色系是他们最爱使用的色彩，因为灰色虽是无彩色但能和任何色彩搭配，极大地改变色彩的韵味，使对比更强烈。

（1）韩国时尚风格的网站配色

时尚的都市造型充分传达冷静的金属感，如用颜色来表现这种感觉则可在蓝色系里加红色，作为强调色来表现；或者采用低饱和度的浊色来表现，若搭配银色、镜面、金属等具有质感的颜色，配色效果会更好。韩国服饰品牌 MOGG 的网页设计（如图 6-28 所示），简单的版式搭配灰色主色调，完美地展示了绿色的服饰，整个页面高雅、时尚、大气。

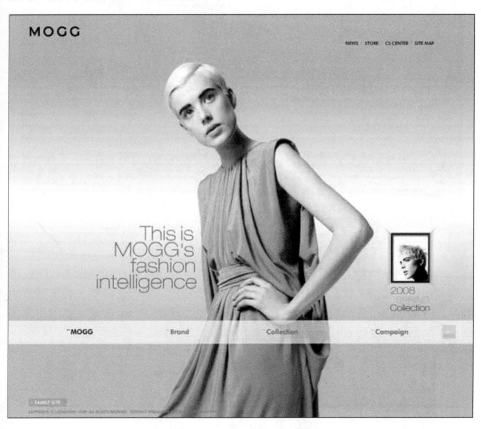

图 6-28　韩国服饰品牌 MOGG 的网页设计

（2）韩国可爱风格的网站配色

原色或高饱和度的明亮颜色，在流露出快乐情绪的同时还能透露出可爱感。大胆使用明亮色调的原色配色，或以黄色、绿色、青色等为代表的明亮色彩，是可爱风格网站的突出特点。

韩国网页用色艳丽、大胆，韩文版芬达的网页（如图 6-29 所示）选用食品网站常用的黄色为主调，搭配小面积其他亮色，令整个页面生动活泼，具有很强的视觉吸引力。

图 6-29　韩文版芬达的网页

微课
网页色彩设计案例与
分析 2

2. 欧洲风网站的配色

　　欧洲风网站的特点为广告宣传作用突出，善于使用广告动画突出其产品或理念，整体搭配和谐一致。欧洲风网站的设计者会使用一些色彩鲜明、表现强烈的颜色，以加重浏览者的感官刺激。迪奥香水网站（如图 6-30 所示）选用金黄色和黑色的搭配，体现高贵、典雅、时尚的感觉。

图 6-30　迪奥香水网站

3. 日本风网站的配色

日本的网页设计常以传统东方的思维方式和感受力来表现，有时借助鲜明的民族传统视觉符号，例如和服、茶道、和屋及浮世绘的版画和传统民俗等蕴涵民族意味的图形，以典型的日本风格展现在世人面前。其在色彩的运用上传统却又十分大胆，由于文化因素，他们喜欢运用黑色与白色进行搭配，也喜欢运用高亮度的色彩设计不同的页面。表现日式和风印象时，体现闲寂、幽静印象的草木色和陶瓷色等偏灰色调是必不可少的，思维跳跃、轻松活泼是日本新一代网页设计者特有的优点。新式的网页设计超越了对视觉符号表面形式的关注，设计者认为美也存在于非具体的事物中，人们对视觉的解读通过由外到内，深入到内心的方式获得感知。同时他们对传统的图案和颜色进行简化，以现代的思维方式从传统文化中获取相关信息，融合日本艺术特有的清新、忧郁、冷艳的色调。

（1）日本活泼风格的网站配色

活泼风格网站（如图 6-31 所示）的颜色，其轻重感和明亮度之间的关系最为密切，鲜艳的高明亮度色彩给人轻快的感觉，但过多使用会让人略感轻浮、刺眼；若应用于狭小的空间则可达到延伸空间的效果；同时再加上白色，还能增添干净、明亮的感觉。

微课
网页色彩设计案例与
分析 3

图 6-31　活泼风格网站

（2）日本自然风格的网站配色

自然风格的网站通常是由日常用品的颜色或自然界中的色彩搭配而产生的，利用红色的落叶、绿色的树叶、蓝色的天空和大海等色彩来配色非常重要；带有红霞的黄色还能给人温暖、安定的感觉。善光寺网站采用手绘风格，绿色搭配白色，清新、淡雅的气质渗透着一丝日本禅意（如图 6-32 所示）。

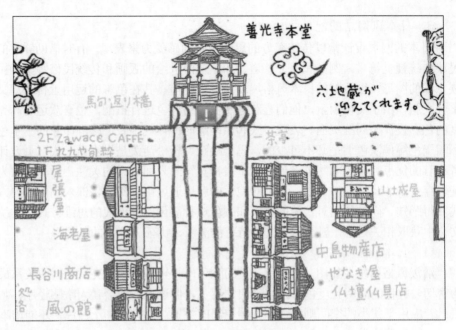

图 6-32 善光寺网站

Chiso 是一个销售日本传统服饰——和服的网站，其飘雪的动画非常真实。整个网站的设计，包括音乐、字体、配色等，十分谐调，浑然天成（如图 6-33 所示）。

图 6-33 Chiso 网站

4. 中国风网站的配色

中国网站在不断地学习和发展中逐渐运用具有中国传统特色的元素和构图方式，脱离了欧美、日韩网站风格的影响，形成蕴含丰富中国文化特色的网站风格。

由于应用元素的不同，中式网站既可以满足企业气势磅礴、高贵大方的表现要求，也可以满足产品宣传唯美细腻的要求。网站的特点在于设计中大量应用具有中国文化特色的各种元素，包括具有民族特色的色彩、文字、图案的应用，如各个少数民族的传统服饰、装饰、手工艺品、特色建筑、绘画等。将这些元素有效搭配，带给浏览者富有浓厚中式传统特色的印象，从而形成民族特色与文化特色鲜明、整体搭配和谐的中式风格。

红色在中华民族的传统观念中被赋予强烈的意识色彩，给人喜庆、热情、欢愉等强烈的感受。红色应用于网站时，既可以作为网站的背景，也可以用于网站中的某个区域，凸显其内容的重要性。

（1）中国华丽风格的网站配色

华丽风格的配色在视觉上很引人注目，图像效果更能左右人们的视线。提高彩度，和谐地使用多种颜色能给人鲜艳、华丽的感觉。华丽感受的认知在各个地区不太一样，因此设计者要根据网页主要的地域受众人群来决定使用的色彩。图宏生态的网站选用不同明度的灰褐色做主色调，红、黑色的经典搭配用于网站的中心区域，以衬托"茶"的主题（如图 6-34 所示）。

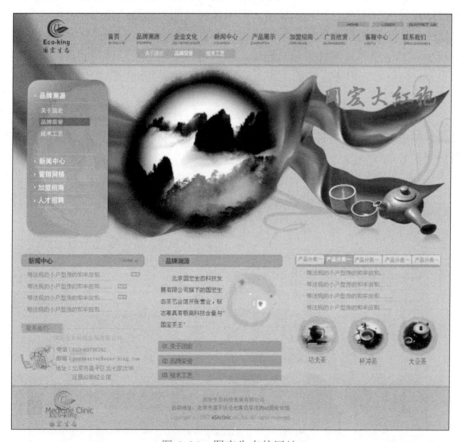

图 6-34　图宏生态的网站

（2）中国典雅风格的网站配色

暗淡的低饱和度配色衬托古典、传统、高贵、典雅的气息（飞鱼设计的网站如图 6-35 所示）。

图 6-35　飞鱼设计的网站

5. 美国风网站的配色

　　美国作为网络技术的发源地，其基础设施和网站建设方面远超其他地区，其在网站设计上有着自己独特的风格。美国风网站的页面简洁紧凑，文字与图片相对集中；善于应用单独色块区域对重点内容进行划分；页面中的文字和图片都相对较少，文字和图片混排也相对较少，用户可以明确、精准地找到自己想要搜索的资讯。在色彩应用上大多选用给人稳重、深沉感受的颜色做主色调，例如灰色、深蓝色、黑色等。

　　美国风网站还常给人一种激昂的视觉效果，红色及其在色相环上的相邻色系是最好的选择，其中高明亮度的颜色更能带给人兴奋和激昂的感觉（美国风网站范例如图 6-36 所示）。

图 6-36　美国风网站范例

　　蓝色调的画面被衬托于黑色背景之上，这是美国网站常用的色彩搭配，它给人稳重、深沉的视觉感受（Motlonmedia 网站如图 6-37 所示）。

图 6-37　Motlonmedia 网站

6.　加拿大风网站的配色

　　加拿大网页设计包含了英、法、美三国的综合特点，既有英国人的含蓄，又有法国人的明朗以及美国人无拘无束的特点。网页设计者在运用色彩方面最为丰富多彩，不拘一格，青春亮丽、动感十足的色彩都是主打色（加拿大风的网站范例如图 6-38 所示）。

图 6-38　加拿大风的网站范例

6.4.2 行业风格与配色

按行业种类来分,网站设计大致应用在娱乐、体育、时尚、经济、旅游、教育、艺术、企业、医药、儿童、饮食、数码科技等行业。设计者要根据各类网站的建立宗旨、服务专案、访问群体进行网站版式的风格定位。如果面向年轻群体,网站版式应该具有活泼、基调明快的特色;如果面向研发人员,网站应该展现严谨、理性、科学等特点;如果面向老年人,网站应该营造温馨、开怀、轻松、愉悦的氛围。网页版式必须为网站的内容服务,而不是单纯地为表现艺术感而设计。下面重点介绍10种行业网站配色。

1. 饮食类网站

"色、香、味俱全"的大幅美食图片恐怕是美食类网站自我推销的最有效的法宝。这类网站一般以直观的表达方式来突出主题,色彩搭配要对比强烈,能吸引人的注意。例如,红色、橙色和黄色能引起人们的食欲;蔬菜自然的绿色在炎炎夏日可以给人清凉的感觉。

饮食类网站范例(如图6-39所示),主调为红色的页面在视觉感官上能迅速激发人的食欲,再配合以食物的图片以及简洁的文字,使得网页主题性很明确。

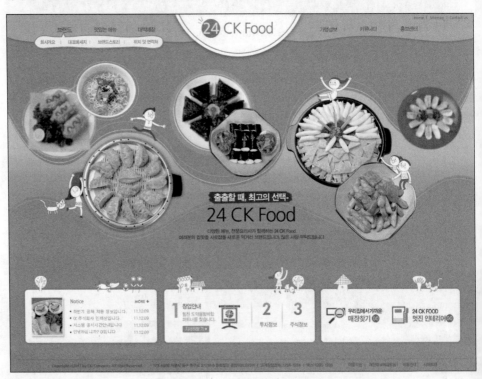

图 6-39　饮食类网站范例

2. 时尚类网站

对时尚最好的诠释莫过于图片的运用,所以时尚类网站版面配置通常较为简洁,文字较少,主要利用图片来突出主题。红色是冲击力最强的颜色,正如时尚带给人们的感觉,热烈而鲜活(时尚类网站范例如图6-40所示)。

图 6-40　时尚类网站范例

3. 旅游类网站

　　大部分旅游类网站设计风格都是充满活力、清新，突出大自然的气息以及当地的自然风光、风土人情。其目的是通过浏览网站给人留下深刻的印象使人有身临其境的感受，从而产生去旅游的兴趣（旅游类网站范例如图 6-41 所示）。

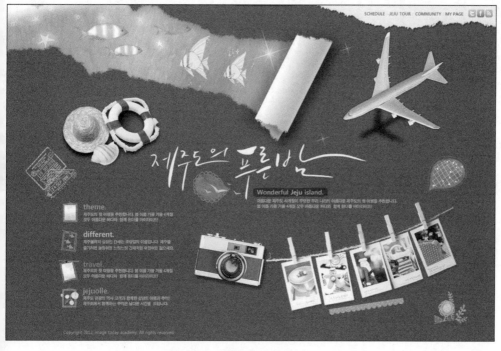

图 6-41　旅游类网站范例

4. 娱乐类网站

娱乐类的网站可以充分展现设计者的理念与风格，独特与新奇的手法都可以在这一类型的网站中运用。娱乐类网站的版式风格随意、轻松，版面配置简洁、清新，通常含有丰富的图片，大多采用明亮度高的颜色，如黄色、红色等（娱乐类网站范例如图 6-42 所示）。

图 6-42　娱乐类网站范例

5. 体育类网站

体育类网站通常包括最新赛事消息，内容充实，图片与文字资讯平分秋色。

网页采用与所配图片相一致的色调，极大地增强了界面的整体感觉，蓝色和绿色是一般体育网站常用的色彩，在主色调统一的基础上依靠明度的变化来增加其丰富性，给人以积极向上的视觉感受（体育类网站范例如图 6-43 所示）。

图 6-43 体育类网站范例

6. 教育类网站

教育类网站在设计上要表现出专业性，给人可信赖感；配色上应使用诚实、积极的颜色。此类网站的页面应当干净、明亮、简洁，多选用冷色调给人冷静、理性的感觉，用色清晰明确可以方便浏览者准确捕捉想要找寻的信息（教育类网站范例如图 6-44 所示）。

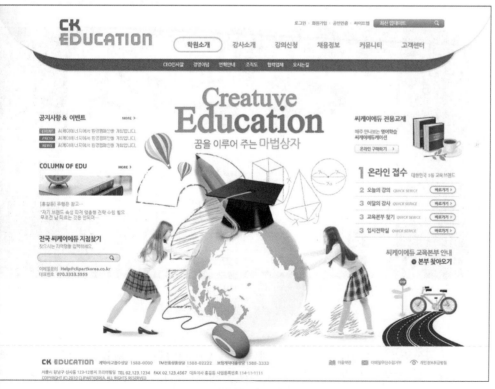

图 6-44 教育类网站范例

7. 艺术类网站

艺术类网站的版式风格可以是独树一帜、不拘小节的。独特的表现形式设计、精美的图片是艺术类网站的特征，色彩的搭配多使用邻近色或强烈的对比色（艺术类网站范例如图 6-45 所示）。

(a)

(b)

图 6-45　艺术类网站范例

8. 经济类网站

经济活动是理性、严谨的，通常通过大量的资料进行解说，页面导览元素数量众多。各种层次的灰可以反映出经济类网站的特质，这个行业也带有服务性质，阳光和笑容般的鲜亮颜色当然也不可缺少（经济类网站范例如图 6-46 所示）。

图 6-46 经济类网站范例

the Sliver Foundation 网页采用亮绿色和白色搭配严谨、理性，给人带来信任感以及视觉舒适性（如图 6-47 所示）。

图 6-47 the Sliver Foundation 网页

9. 企业类网站

企业文化是企业网站的灵魂，企业产品是网站的血液，企业网站要抓住这两个方面进行版式设计。此类网站的风格严谨、理性、大方，配色多以冷色系为主。灰蓝的背景色调搭配黑色、红色，给人高端、大气的视觉感受，很贴切品牌的定位（企业类网站范例如图 6-48 所示）。

图 6-48 企业类网站范例

10. 数码通信产品类网站

数码通信产品类的网站设计上要强调尖端科技，并要能突出产品的性能。在配色上常使用无彩色，使产品更加鲜活，增强对用户的吸引力，多以冷色系为主。数码类网站的主色调基本是围绕企业产品或是企业文化所定义的色彩去运用的（applehost 网站页面如图 6-49 所示）。数码类网站常采用灰色的界面主要是为了衬托产品的外形与色彩，在导览区域则选用纯度高的鲜艳色以便浏览者轻松操作网页界面（SONY 网站页面如图 6-50 所示）。

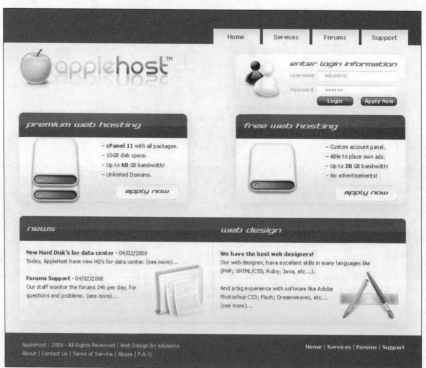

图 6-49 applehost 网站页面

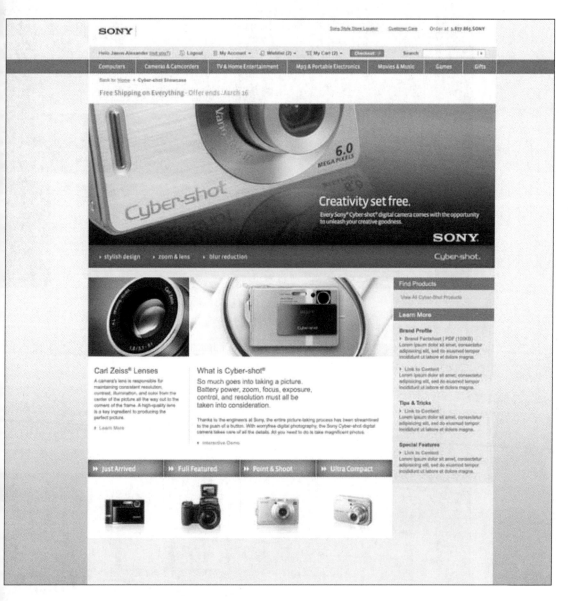

图 6-50　SONY 网站页面

6.5　网页配色训练

任务 1　主次色的搭配

根据任务 1 素材（如图 6-51 所示）给出的图形图像和图片左侧的颜色提示，同时将三种颜色运用于页面中，自由搭配成页面的主色、辅色、点睛色。

图 6-51　任务 1 素材

要求如下。

① 根据网页所传递的内容信息选择网页的主色、辅色和点睛色，使其与背景图片保持协调性。

② 要求色彩面积的主次分配得当。

任务 2　同类色的搭配

在任务 2 素材（如图 6-52 所示）的基础上，运用同类色系对网站页面进行搭配。

图 6-52　任务 2 素材

要求如下。

① 采用 3 种同类色系对网站进行配色。

② 要求同类色之间明度有节奏地变化。

任务 3　冷暖色系的搭配

在任务 3 素材（如图 6-53 所示）的基础上，挑选 3 种暖色系或冷色系与图片背景色进行搭配。

图 6-53　任务 3 素材

要求如下。

① 合理分配色块面积的比例。

② 色彩要求具有对比性、节奏感，但又不能喧宾夺主。

6.6　小结

色彩是网页设计的重要组成部分，是网页视觉设计的灵魂。网页色彩设计可以有效地帮助浏览者识别网站的性质和定位。了解色彩的属性可以帮助网页设计师把握色彩的变化和配比；体会色彩的心理效应可以让网页设计师根据自己的情感意愿、主题风格、地域特色和行业定位等去选择色彩的搭配倾向；掌握色彩的搭配原则可以帮助网页设计师明确设计的布局及突出主题的设计。因此，我们在学习网页色彩设计的过程中要对每一个小节的内容进行有针对性的学习和训练。

第**7**章

文字设计

【知识目标】

- 掌握文字设计的基本理论基础
- 了解网页文字表现的一般形式
- 了解网页文字设计的方法与创意技巧

【能力目标】

- 熟练掌握网页文字设计方法
- 能够进行网页文字、Logo 设计
- 能够对网页文字设计进行分析评鉴
- 能够灵活运用网页文字设计方法进行创新设计

文字作为信息传递最直接的表现形式，是网页设计中的重要组成部分。文字的样式和编排方式并不是一成不变的，富有创意性的文字设计能给网页设计制造意想不到的视觉效果，从而吸引用户的关注力。

> 在网页设计中，文字的表现形式有哪些？
> 在创意设计中，文字的设计有哪些方式？
> 网页文字编排的形式有哪些？
> 在文字的设计中通常都用哪些方法产生创意？

7.1 网页文字的基本概论

在网页设计中，信息通常是通过文本、图像、Flash 动画等方式呈现。

7.1.1 网页文字的表现形式

微课
网页文字的基本概论

网页文字的表现形式可分为文字型标志。

1. 文字型标志

文字型标志是以含有象征意义的文字型造型作基点，对其做变形或抽象改造，使之图案化。如图 7-1 所示，餐饮连锁咖啡之翼的文字型标志将字母"W"变化成翅膀的图案，恰当地诠释了品牌的含义。

2. 标题

为获得浏览者的青睐，文字标题应尽量简单明了，引人注目。应安排在页面较醒目的位置，选择较大字体，在版面上作点或线的编排。为保证标题的显示效果，设计者常常将其设置为图形格式，标题设计范例如图 7-2 所示。

图 7-1 咖啡之翼的文字型标志

图 7-2 标题设计范例

3. 超链接

文字链接是网页中最常见的超链接形式，能直观地呈现链接的相关主题信息，使浏览者对其信息一目了然。文字链接可方便浏览者检索信息，它可以应用于网页中导航栏链接、侧焦点链接栏的链接、中部分类信息主题链接以及文章中关键词的链接等，文字图框信息链接如图 7-3 所示。

图 7-3　文字图框信息链接

4. 信息

文字信息是网页内容的具体表现，是最直观、最重要的设计元素，是传达信息的主题部分，其主体作用是动画、图形和影音等其他任何元素所不能取代的。在网页文字设计时，文字内容一定要与标题相搭配，同时对文字的字体、字形、大小、颜色和编排都要进行精心的设置，以达到更好的浏览效果，文字信息范例如图 7-4 所示。

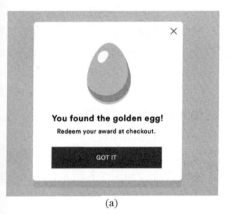

|(a)|(b)|

图 7-4　文字信息范例

7.1.2 网页文字的运用

在运用网页文字时要注意文字的大小、字体的选择、字距与行距和特殊字体的运用等细节。

1. 文字的大小

字号的大小可以用不同的方式来计算，网页文字建议采用磅为单位。最适合于网页正文显示的字体大小为 12 磅左右，现在很多综合性站点由于页面需要安排的内容较多，通常采用 9 磅的字号。较大的字体可用于标题或其他需要强调的地方，小一些的字体可以用于页脚和辅助信息。

2. 字体的选择

字体的选择是一种感性、直观的行为，网页设计师可以用字体充分地体现设计中所要表达的情感。网页字体的选择要依据网页的总体设想和浏览者的需要来设计，如粗体字强壮有力，具有男性特点，适用于机械、建筑等类型网站；细体字高雅细致，有女性特点，更适合服装、化妆品、食品等行业的网站。在同一页面中字体的运用应根据页面的内容来掌握比例关系，字体种类少，则版面雅致具有稳定感；字体种类多，则版面活跃、丰富多彩。作为网页设计者需要考虑到大多数浏览者所使用的电脑字体有限，在必须使用特殊字体的地方可以将文字制成图像插入页面。

3. 字距与行距

一般情况下，接近字体尺寸的行距设置比较适合正文。适当的行距会形成一条明显的水平空白带以引导浏览者的目光，行距过窄会导致拥挤感，而行距过宽会使文字失去较好的延续性。除了对可读性的影响，行距本身也是具有很强表现力的设计语言。为加强版式的装饰效果，可以有意识地加宽或缩窄行距，体现独特的审美意趣。如加宽行距可以体现轻松、舒展的情绪，可应用于娱乐性、抒情性的内容。另外，通过精心安排，使宽、窄行距并存可增强版面的空间层次与弹性，表现出独特的设计。

4. 特殊字体的运用

（1）文字的图形化

网页字体具有两方面作用，即实现字意与语义的功能和实现美学效应。所谓文字的图形化即是强调文字的美学效应，把记号性的文字作为图形元素来表现同时也强化了原有的功能。网页设计者既可以按照常规的方式来设置字体，也可以对字体进行艺术化的设计。将文字图形化、意象化，以更富创意的形式表达出深层的设计思想，使得网页不再单调平淡，文字的图形化如图 7-5 所示。

（2）文字的叠置

文字与图像之间或文字与文字之间在经过叠置后能产生空间感、跳跃感、透明感、杂音感和叙事感，从而成为页面中活跃、令人注目的元素。虽然叠置手法影响了文字的可读性，但能形成页面独特的视觉效果，这种不追求易读而刻意追求"杂音"的表现手法体现了一种艺术思潮，文字的叠置如图 7-6 所示。

(a)

(b)

(c)

图 7-5 文字的图形化

图 7-6 文字的叠置

7.1.3 网页文字编排的基本形式

1. 文字编排方式

网页正文部分是由许多单个文字经过编排组成的群体，文字编排的目的是要充分发挥这个文字群块形状在版面整体布局中的作用。从艺术的角度可以将字体本身看成是一种艺术形式，它有自身的个性和情感。在网页设计中，字体的处理与颜色、版式、图形等其他设计元素的处理一样非常关键，所有的设计元素都可以理解为图形。

（1）标题与正文的编排

在进行标题与正文的编排时，可先将正文作双栏、三栏或四栏的编排，再进行标题的置入。将正文分栏是为了求取页面的空间与弹性，避免通栏排布的呆板以及标题插入方式的单一性。标题虽是整段或整篇文章的标题，但不一定千篇一律地置于段首之上，可作居中、横向、竖向或边置等编排处理，甚至可以直接插入字群中，以新颖的版式来打破旧有的规律，文字编排范例如图 7-7 所示。

(a)

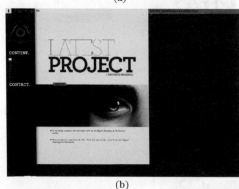

(b)

(c)

图 7-7　文字编排范例

（2）两端对齐

文字从左端到右端的长度严格对齐，字群形成方方正正的面，显得端正、严谨、美观，两端对齐如图 7-8 所示。

（3）居中排列

在字距相等的情况下，以页面中心为轴线排列，这种编排方式使文字更加突出，产生对称的形式美感，居中排列如图 7-9 所示。

图 7-8 两端对齐

图 7-9 居中排列

（4）左对齐或右对齐

左对齐或右对齐使行首或行尾自然形成一条清晰的垂直线，很容易与图形配合。这种编排方式有松有紧、有虚有实、跳动而飘逸，产生节奏与韵律的形式美感。左对齐符合人们的视觉习惯，显得自然；右对齐因不符合常规习惯而显得新颖，左对齐如图7-10所示。

图7-10　左对齐

（5）文字绕图编排

可将文字绕图形边缘排列，如将底图插入文字中会令人感到融洽、自然，文字绕图编排如图7-11所示。

图7-11　文字绕图编排

2. 文字的强调

（1）字首的强调

有意识地将正文的第一个汉字或字母放大或配上不同颜色并作装饰性处理，形成焦点。由于它有吸引视线、装饰和活跃界面的作用，常被应用于网页的文字编排中。

（2）关键词的强调

如将个别关键词作为页面的要点，则可通过加粗、加框、加下画线、加指示性符号、倾斜字体等手段有意识地强化文字的视觉效果。

（3）链接文字的强调

在网页设计中，为文字链接、已访问链接和当前活动链接选用各种颜色和样式，如加粗、倾斜、下画线。

（4）线框、符号的强调

用符号、线框或导向线有意识地加强文字元素的视觉效果，突出"宾与主"的对比关系。

7.2　网页文字的设计方法

网页文字的设计方法主要包括强化对比和创意变形两类。

7.2.1　网页文字的设计技巧

文字在网页设计中要达到向浏览者传达设计者意图和各种信息的目的，因此必须考虑文字的整体诉求效果，给人以清晰的视觉印象，提高可读性，表达设计的主题和构想意念。采用强对比的设计手法来增强文字的可读性，所谓的强对比就是当网页背景为暗色调时，文字则采用白色或浅色调，反之亦然。如图 7-12所示，利用色彩来强化对比。强化对比的方法如下。

微课
网页文字的设计方法

图 7-12　利用色彩来强化对比

（1）让文字成为图片的一部分

一般使用形式简单、色调清爽的图片和色调近似的文字搭配，往往能使文字与图片相融合成一个视觉整体，如图 7-13 所示。

图 7-13　文字与图片相融合成一个视觉整体

（2）按视觉流向排布

让浏览者的视觉依据页面主体的导向去阅读文字信息，使文字与图片发生逻辑关系，两者相辅相成，在这种技巧的使用中文字不能覆盖图片主体部分，按视觉流向排布范例如图 7-14 所示。

图 7-14　按视觉流向排布范例

（3）模糊背景

模糊背景让文字信息或产品本身更为突出，如图 7-15 所示。

(a)

(b)

图 7-15 模糊背景

（4）将文字置于框中

根据文字和图片的形态选择相应的圆框或方框，然后设置色彩确保对比度，适当调整透明度，让框、文字和图片完美结合，如图 7-16 所示。

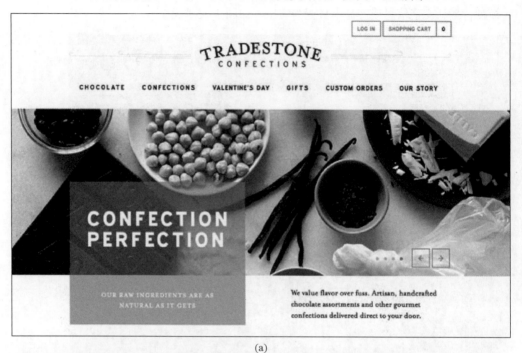

(a)

(b)

图 7-16 文字置于框中

（5）放大

放大的字体更容易吸引浏览者且能直观明确地传达信息，如图 7-17 所示。

图 7-17　放大字体

7.2.2　网页文字的创意变形

网页中文字的创意变形主要运用于网页广告、图片或是标志等设计中。

（1）笔画互用或减省

笔画互用和减省主要通过相关、相似、相近的笔画间的互相借用或省略简化来组成文字间的关系。其中笔画减省常常是大胆去掉某些笔画然后利用视觉习惯自动补齐笔画，以加深视觉印象，笔画缺省如图 7-18 所示。

微课
创意文字的设计方法

图 7-18　笔画缺省

（2）笔画突变

笔画突变是指在局部的某个或者某些笔画上采用不同于正常笔画的形态造型，突出文字内涵和特征，如图 7-19 所示。

图 7-19　笔画突变

（3）添加形象

添加形象主要是通过在汉字局部笔画上添加与汉字含义相关的图像或图形来增加汉字的表意功能，将某个笔画换成有意义或有趣的图形，会使整个视觉活跃起来。如图 7-20 所示。

图 7-20　添加形象

（4）笔画连接

笔画连接是通过一组文字笔画上的连贯来表达文字之间的关系，增强一组文字的视觉感染力，如图 7-21 所示。

图 7-21　笔画连接

（5）会意及象形

会意及象形是指通过对所设计的汉字或英文单词字意的深刻内涵加以挖掘，以象形或会意的形态来传达文字的信息，音乐网站的会意及象形范例如图 7-22 所示。

图 7-22　音乐网站的会意及象形范例

（6）表面装饰

字体的表面装饰是通过对文字笔画的局部或者整体装饰来增强文字传达的

效果和感染力，如图 7-23 所示。

图 7-23　表面装饰

7.3　网页文字设计实践

综合型网站字体设计指在对各个构成要素进行分析的基础上加以综合，使综合后的界面整体形式表现出创新性。综合性的方法在网页设计中被广泛应用，通过对各个元素的适应性处理来体现出网站的风格，对于字体的选择或是排版都会比较规整化，追求和谐的美感，一般大型综合性网站倾向于采用这种方法，如图 7-24 所示。

(a)

(b)

图 7-24　综合型网站字体设计

创意型网站字体设计通过鲜明的色彩、单纯的形象以及编排上的节奏感、体现出流行的形式特征。设计者利用不同类别的视觉元素给浏览者强烈、不安定的视觉刺激感和炫目感。这类网站以时尚现代的表现形式来吸引年轻的浏览者，如图 7-25 所示。

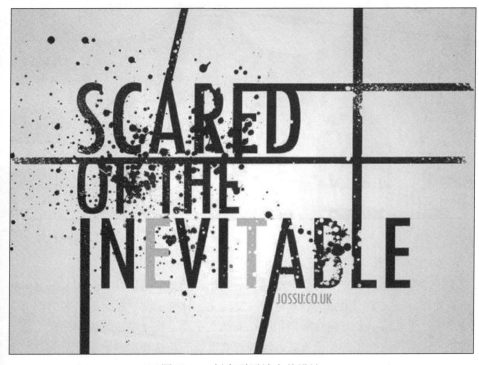

图 7-25　创意型网站字体设计

7.4 网页文字设计案例与分析

一个优秀的网页作品是创意和技术的完美结合。仅有熟练的技术，没有创意的作品只不过是纯粹的技术展示，没有任何艺术吸引力。反之，仅有出色的创意却缺乏为之服务的技术，创意就很难被演绎升华。审美角度来看，创意是网页审美性的关键因素之一，创意能给用户带来新奇感，从而吸引用户。创意字体设计的基本概念是对文字使用象形、会意、假借、解构等方法并按视觉传达规律加以整体的精心设计。

1. 文字的大小变化

在页面上对文字做大小的变化相对来说是一种比较简单但却十分奏效的变化手法。首先可以尝试将整个文字进行面积上的处理，当字体的尺寸放大到非常规尺寸时，字的形态会产生令人意想不到的效果，或利用色彩来凸显字体的形态，如图 7-26 所示。

图 7-26 文字的大小变化

2. 文字变形

进行变形处理的文字会产生动感和空间感。把文字做垂直方向和水平方向的压扁处理，使文字产生强烈的紧迫感；旋转文字打破了文字原有的平衡感，可以使文字产生动感以及方向性和指示性；镜像文字就是将文字进行反向处理，是一种挑战正常阅读顺序的处理方式，这种打破常规的新鲜视觉感非常符合具有一定叛逆倾向的年轻浏览者；扭曲文字是一种变形程度最大的方式，会让整个文字具有流动感，如图 7-27 所示。

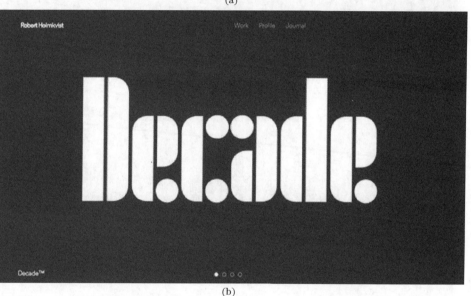

图 7-27　文字变形

3. 正负形的面积调整

对文字正形或负形的面积进行增加或减少可以赋予文字全新面貌。还可以通过改变文字笔画的粗细达到改变正负形面积的方法，如图 7-28 所示。

4. 文字与图形结合

文字与图形的结合不仅可以使字体的表现形式更加多样化，同时也能够更容易地让文字做到意形结合。具体字图结合的方法有以下 3 种。直接在文字上填充线条或图形，可以增加文字表面的丰富性，但要注意图的位置、颜色、密度会影响用户对文字的识别；将文字的部分笔画用图形来替代；文字本身不做变动，而是在文字上加一些其他图形。文字与图形的结合如图 7-29 所示。

图 7-28 正负形的面积调整

(a)

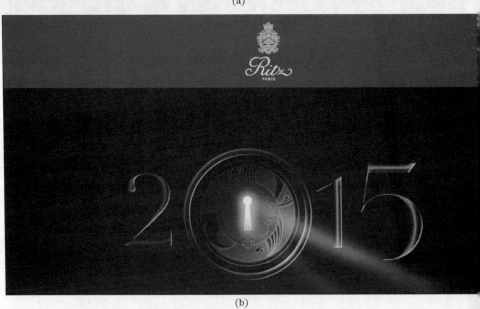

(b)

图 7-29 文字与图形结合

5. 肌理

肌理作为情感性极强的一种视觉语言介入到文字设计及应用中，不仅丰富了文字的外在视觉美，而且拓展了文字的表现空间，赋予了文字新的生命力，肌理的运用如图7-30所示。对字体进行立体加粗也能达到相同的效果。

(a)

(b)

图7-30　肌理的运用

字体的设计本身就是一种艺术形象，具有美感和抒发情感的特性，设计师在设计时不能停留在满足文字的可辨性与可读性上，更应充分调动文字的内涵进行创意发挥。

7.5 网页文字设计训练

任务1 图文结合训练

根据任务1素材提供的文字素材"GO"，将其与背景图片（如图7-31所示）进行融合设计。

图7-31 任务1素材背景图片

要求如下。

将文字与图片结合，使其在视觉上融合为一个整体。

任务2 文字的强调训练

为以下网页（如图7-32所示）里的"S"字体进行强调性设计和排版。

图7-32 任务2素材网页

要求如下。

① 将文字与图片进行合理的搭配，强调文字的视觉感受。

② 可以从文字的色彩、大小等方面着手设计。

7.6　小结

文字作为传递信息的主要方式，一直以来在网页设计中都是必不可少的。但随着近年来网页设计形式的不断创意化、图形化，文字在一些创意设计网站的内容中占比越来越小，取而代之的是更多地图形化元素的表达，似乎进入了一个"看图说话"的信息传递平台，这就要求我们在进行文字设计的时候要了解并掌握文字设计的方法与创意技巧，充分融入创意的元素，利用文字和图形相结合的方式，让文字设计摆脱以往给人枯燥、呆板的印象，让文字在网页设计的过程中不仅完成传递信息的使命还能令读者感受到耳目一新和趣味性。

第**8**章

网页图形图像设计

学习目标

【知识目标】

- 了解图形图像在网页中的应用
- 掌握网页图形图像的构成要素
- 掌握网页图形图像的创意设计原则

【能力目标】

- 掌握网页制作中图片素材的收集方法
- 熟练掌握网页图形图像设计方法
- 能够对网页图形图像设计进行分析评鉴
- 能够根据用户需求对网页图形图像进行创新设计

图形图像是网页设计中重要的构成元素。人类易于接受图形信息。在浏览网页时，视觉元素（诸如照片和视频），会让人产生亲切感，因为它们和生活最为接近。

➢ 图片的排版能改变网站设计的风格吗？

➢ 不同类型的网站设计有固定的风格吗？

➢ 一张好的背景图能否挽救失败的网页设计？

➢ 怎样做到图形图像素材的统一？

网页艺术设计的主要构成元素有图片、文字、色彩等。图形图像在网页设计中具有举足轻重的地位，其不仅能将信息传达得更加具体、真实、直接、易于理解，还可以起到美化网页、提高网页艺术价值、吸引浏览者注意力的效果。合理地将图形图像与其他构成元素相结合还能提高信息传播的效率。

8.1 网页图形图像设计概述

如果说色彩是感性的，文字是理性的，那么图形图像就是既有感性的形象，又有理性的内容和含义，在一定范围内能迅速准确地传达出特定的视觉信息，起到文字和色彩都不能替代的作用。

8.1.1 网页图形图像的构成要素

微课
网页图形图像的构成
要素及原则

网页图形图像的构成要素包括标志设计、背景及主图片的处理和图形超链接设计。

（1）标志设计

标志（Logo）作为一种视觉符号，可以把视觉语言转化为具有象征意义的图形，用具象的符号来表现抽象的精神内容。

在网页设计中，标志是指那些造型单纯、意义明确、统一标准的视觉符号，一般是指网站的文字名称、图案标识或者两者结合的一种设计。网页标志设计具有树立形象、提高识别性、利于竞争等作用。在浏览网站时，人们可以通过标志感受该网站的整体氛围，从而产生初步印象。一个优秀的网站标志设计有助于建立起用户和网站之间的信赖感，它超越了语言，可起到沟通、交流的桥梁作用。如图8-1，标志设计被放在了网站的最佳视觉位置，加深了用户对该标志的印象。

图 8-1　标志设计被放在网站最佳视觉位置

（2）背景及主图片的处理

一幅成功的背景图片能够烘托出整个网页的主题，使用户在浏览过程中快速进入特定浏览环境，也可以更好地突出网页主体图形。当然，并不是所有的网站都需要设计背景图片，应当具体问题具体分析。在某些特定的情况下，没有背景就是最好的背景，如导航类网站、购物类网站。图 8-2 为一款家居类购物网站，在背景图上做了整体留白的处理，其目的是为了更好地突出产品主图。

图 8-2　家居类购物网站

微软搜索引擎 Bing 的主页伴有不断变化的背景，网站完全有别于大多数网站的设计约束。这个网站的主要功能是向用户展示搜索框，没有其他过多的设计去强调不必要的元素。网站巨大的白色搜索框已经清晰地从其他元素中脱颖而出。这也达到了微软的预期效果。Bing 的主页效果如图 8-3 所示。

图 8-3　Bing 的主页效果

　　在多数网页设计中，主图往往位于页面最佳视觉位置并占据较大幅面。主图具有较强的直观性，能够迅速集中用户的视觉焦点，潜意识地强行传递信息内容，瞬间给用户留下深刻印象。设计师在选择主体图片时，一定要选择具有代表性以及与网站主题相关联的图片，这样才不会产生对用户的误导。主图占据较大幅面的网页设计如图 8-4 所示。

图 8-4　主图占据较大幅面的网页设计

　　（3）图形超链接设计

　　图形超链接设计是网页设计中独有的设计元素。将图形设计成超链接的形式，可以丰富页面枯燥的链接方式，使页面变得更加美观。利用标志性的符号，可以减弱语言障碍，利用图形按钮形象直观的特点增添页面的趣味性，使操作更加简洁、明确，如图 8-5 所示。

图 8-5　图形超链接设计

8.1.2　网页图形图像设计原则

网页图形图像设计原则包括精简直观、色彩和谐和风格统一三项。

（1）精简直观

在进行网页图形图像设计时，设计者应当合理处理图片数量。图片过多、过大不仅会影响网站的整体运行速度，而且会干扰用户的选择。所以，在筛选图片时一定要秉承少而精的原则，避免图片大量堆积。

（2）色彩和谐

色彩和谐是指网页的图形图像设计必须与文字以及页面的整体色调保持一致。这就需要在设计图形和处理图片时，有意识地控制色彩的搭配和色调的统一，使设计的图形和图像与网页环境色融为一体。

（3）风格统一

影响图形图像设计整体风格的主要因素有色彩、造型、图片内容、表现形式等，在设计时只要处理好相关因素，将它们与网站其他设计元素进行合理穿插，就能保证整体风格的统一。

8.2　网页图形图像设计方法

当今社会，在促进人与人之间沟通与交流的过程中，视觉图形已成为信息的一种重要载体。创意是设计的灵魂，一个成功的图形设计往往取决于一个独特的创意。要设计出有独创性的图形，就要敢于大胆地想象、激发创意。图形图像设计实质是"意""形""情"的结合，它已经成为设计者展现创意的一种独特的视觉语言。

微课
网页图形图像设计
方法

8.2.1 同构

同构图形指的是将两种或两种以上具有相似特征的图形组合在一起，共同构成一个新图形。这个新图形并不是原图形的简单相加，而是一种超越或突变，形成强烈的视觉冲击力，蕴含了新的寓意，给予浏览者幽默、诙谐的心理感受。图形同构如图 8-6 所示。

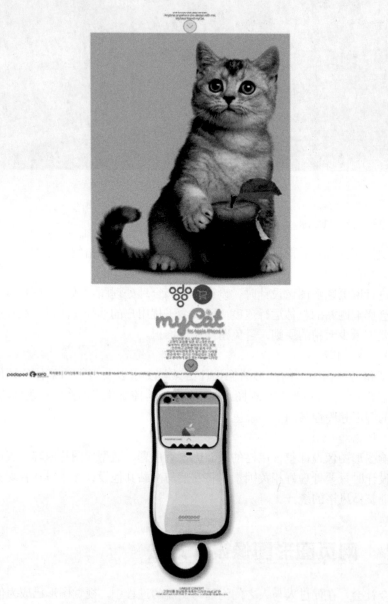

图 8-6　图形同构

8.2.2 替代

替代是一种特殊的同构。它以常规图形为依据，保持其物形的基本特征，将物体中的某一部分用其他相似或不相似形状所替换的异常组合。虽然物形之间结构不变，但逻辑上的"张冠李戴"却使图形产生了更深远的意义。图形替代如图 8-7 所示。

图 8-7　图形替代

8.2.3　联想

联想是通过赋予若干对象之间一种微妙的关系，并从中展开想象而获得新的形象的心理过程。根据图形创意中联想思维的特征，一般可以把联想分为直接联想和间接联想。直接联想是直接借助具体形象，利用其与要表达的概念之间的相似性，把图形形象与要表达的观念联系在一起。在此基础上，可以进一步通过结合、对比、替换等方法，丰富图形的含义，强化图形的感染力。直接联想范例如图 8-8 所示。间接联想是比直接联想更为复杂的联想方式，其并不是借助形象直接地把寓意表达出来，而是通过图形所蕴含的意义、事件的关系等方式把要表达的观念间接地表达出来。

图 8-8　直接联想范例

8.2.4　寓意

寓意是指通过描述其他事物来表示所要说明的事物，利用不同的事物间类似的关系来确切地描绘事物的特点。这种方法常常适用于不易直接表达的主题内容。图 8-9 为金融机构的网站设计，网站选用了金钥匙作为网站的主体图形，寓意着可以通过有效、可行的方式帮助用户开启理财的大门。

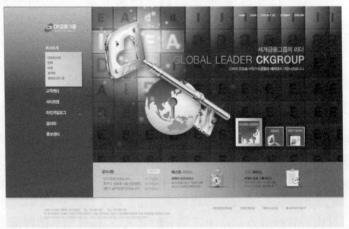

图 8-9　金融机构的网站设计

8.2.5　情感渲染

在进行图形图像创意时，适当地在设计中将情感贯穿于视觉表现中，能让画面富有感染力，激发用户内心的共鸣。情感的创意方法是最易打动用户的一种创意方法，设计因为有了情感而生机盎然，有血有肉。图 8-10 为某儿童类网站，主图选择了家庭欢聚场景，为网站营造出温馨和谐的氛围。

图 8-10　某儿童类网站

8.2.6　夸张

夸张的设计方法是以现实生活为基础，抓住描写对象的特征，运用丰富的想象加以夸大、缩小和变形，强化装饰性效果。变形是夸张的主要手段。夸张能使表现对象异常突出，从而引起浏览者关注，如图 8-11 所示。

图 8-11　夸张的设计方法

8.2.7　幽默

为了留住用户的视线，加深用户的印象，设计者在进行图形图像创意时常常会运用一些诙谐、有趣的表现方式来突出主题，这样的创意方法就是幽默。图 8-12 是一个微型汽车网站，运用漫画的场景与汽车实物相结合，形成强烈的反差使画面颇具趣味性。

图 8-12　微型汽车网站

8.2.8　层次空间

在二维平面上体现三维的视觉效果是层次空间创意方法的精髓。它通过塑造需要表达的主体形象，营造视觉上的空间感、层次感，如图 8-13 所示。

图 8-13　层次空间创意方法

8.2.9 直观

直观创意方法实质就是将需要表现的内容开门见山地展现出来。在运用该方法时，要求设计者在选择图片图像时要精准到位，能恰如其分地体现主题，尽量避免给用户带来误导。如图 8-14 所示，该网站是整形医院网站，网站选用了与整形相关的图片作为主图，直观地传达出网站内容。

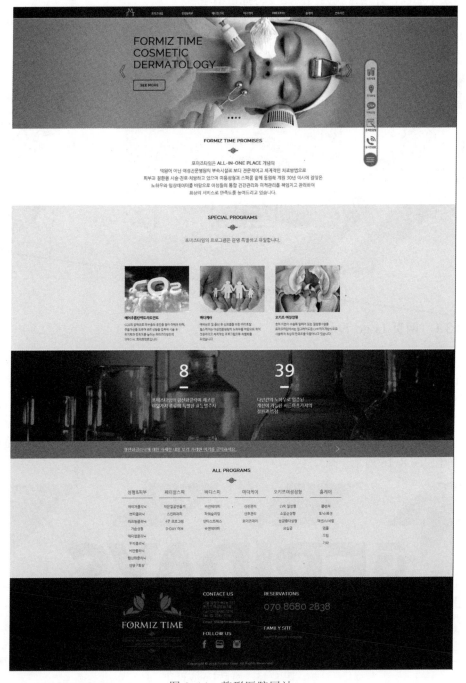

图 8-14　整形医院网站

8.3　网页图形图像设计实践

微课
网页图形图像设计
实践

一个优秀的网页设计往往需要简洁、美观、令人难忘。但在网页中，实际情况往往是复杂的，它包含了各种设计内容。这些设计内容也都会占据页面空间，如果不加以设计编排就会使网站变得拥挤不堪。

图 8-15 为星期五美式主题餐厅 TGI FRIDAYS 首页。下面以该网站的 Logo、背景主图及超链接设计为例，进行实战训练分析。

图 8-15　TGI FRIDAYS 首页

8.3.1　网页 Logo 设计

星期五美式主题餐厅的英文名称为 TGI FRIDAYS，是英文"Thank Goodness, It's Friday's"的缩写（译义是"感谢恩赐又到周末了"）。为迎合餐厅热情、轻松、休闲的经营理念，在 Logo 设计上采用了红黑的经典配色；TGI FRIDAYS 英文名称作为 Logo 的主体形象，采用标准英文字体；Logo 底纹为美国星条旗的组成部分，在红色斜条图案的承托下，更加醒目，进一步突出餐厅的地域特色。网页 Logo 设计如图 8-16 所示。

图 8-16　网页 Logo 设计

8.3.2 网页背景及主图设计

该网页的背景图以店内餐桌木纹为底图，再搭配与标志底图相统一的红色条纹辅助设计。设计者在设计时，充分考虑到了该餐厅的实际店面设计，如红白斑纹的遮阳篷、木制地板、弯木座椅、有斑纹的桌布等，无论是网页设计，还是店内视觉设计元素，都进行了统一，网页背景图如图 8-17 所示。

图 8-17 网页背景图

在餐饮类网页设计中，主图多为当下主推产品或新品的实拍图。目的是让用户直观地获取产品信息，引发食欲。图片的整体色调和风格与餐厅整体风格相统一，并继续沿用红白配色和标准中英文字体。

副图部分则以餐厅推出的优惠活动为主线，以图片的形式链接会员卡办理页面及其他活动页面，主次清晰，分类明确，主图与副图设计如图 8-18 所示。

图 8-18 主图与副图设计

8.3.3 网页超链接设计

在该网页中，将需要链接的文字内容图形化处理，不仅能使链接的形式更加丰富，还可以使网页更加美观。网页中的精致美食、极致饮品、线上定位、餐厅地址等链接文字都被设计者巧妙地转换成了图形。图形按钮具有直观、形象的特点，可以使用户迅速地了解该链接的内容，为单调的文字信息增加活力。网页超链接设计如图 8-19 所示。

图 8-19　网页超链接设计

8.4　网页图形图像设计案例与分析

8.4.1　门户类

苹果公司网站主页采用大图片为焦点的设计模式。焦点图片实际上用来展示苹果公司的最新产品，并通过强大的导航栏提供给用户购买该产品的渠道。当然，大图片本身也提供了很多有用的信息，如清晰地向用户展示了这两款手机模型的相关尺寸，如图 8-20 所示。

图 8-20 苹果主页

苹果公司网站主页通过主图展示了其最新产品，并搭配有强大的全球性导航栏给用户以强烈的视觉体验。这与轻量的主页背景形成鲜明的对比，轻量的主页背景与导航栏的对比如图 8-21 所示。

图 8-21 轻量的主页背景与导航栏的对比

8.4.2 教育类

BRAIN SCHOOL 是一家为开发孩子的无限潜力，提供最好的教育方法和环境的早教中心网站，其 Logo 选用了红、蓝两种色彩进行搭配，将文字作为 Logo 设计的主体元素，用不同颜色的色条有序地设置在文字上方，赋予灵感闪现的寓意，使整个 Logo 极具画面感。网页背景选择了留白处理，更好地突出了网页主图和 Logo。BRAIN SCHOOL 主页如图 8-22 所示。

图 8-22　BRAIN SCHOOL 主页

8.4.3　企业类

StateFarm 是一家保险公司的网站。该网站的主页采用一张理赔师的大图片。理赔师的服务水准是企业业务的关键部分。但这张图片并没有影响其他元素的呈现，强大的导航栏和其他基本元素均蕴含其中，包括登录、报价和处理保险索赔等功能模块皆能清晰地展现在用户眼前。StateFarm 保险公司网站主页如图 8-23 所示。

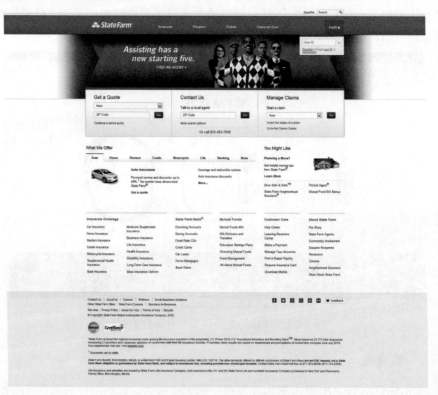

图 8-23　StateFarm 保险公司网站主页

8.4.4　餐饮类

图 8-24 为全球最大的日本咖喱 CoCo 壹番屋连锁加盟集团的韩国官网。将网

页左侧的导航条进行立体化设计，使网站导航条成为整个网页设计的亮点。为平衡画面，在网站的右侧主图位置放置了主打产品的实拍图片，以让用户快速获取到主打产品信息，如图8-24所示。

图8-24　CoCo壹番屋韩国官网

8.5　网页图形图像设计训练

任务1　夸张设计方法的运用

根据任务1素材（如图8-25所示），合理运用夸张的设计手法，完成美食类网站版式设计。

图8-25　任务1素材

要求如下。

① 灵活运用夸张的表现手法，可选择任意素材进行夸张造型。

② 在夸张造型的过程中注意把握各个图形之间的比例关系，避免起到反效果。

③ 注意抓住美食网站的主题特征，合理选择主体图形。

任务 2　幽默设计方法的运用

根据任务 2 素材（如图 8-26 所示），运用幽默设计方法，也可将素材重组排列，设计一款儿童网站。

图 8-26　任务 2 素材

要求如下。

① 灵活运用幽默表现手法，可选择主体人物进行创意。

② 可适当缩放主体人物的局部，夸大其特征。

③ 注意抓住儿童网站的主题特征，注意主体形象的摆放位置。

8.6　小结

本章给出了门户、教育、企业、餐饮等几类案例分析，不难发现，这些案例在网页图形图像运用方面均有突出的主题、统一的风格、和谐的色彩。这就要求设计师在图形图像设计的过程中合理地运用表现手法，如果表现手法使用过多，将会违背网页图形图像的设计原则。当然，各种表现手法之间也并不冲突，在不违背大原则的前提下也可穿插使用，例如夸张和幽默、情感和寓意等，都可以同时使用。

第**9**章

网页创意设计综合案例

学习目标 | 【知识目标】

- 了解网页创意艺术设计整体流程
- 学会分析用户需求与目标用户
- 掌握网页创意设计素材的收集、制作方法

【能力目标】

- 能够站在委托方角度思考问题
- 能够进行网站用户研究，对竞品网站进行分析
- 把握网站整体设计方向，明确网站定位
- 能够进行网页版式、色彩、文字、图形图像的创意设计

完善的网页设计流程可以帮助设计师更快、更好地完成网页设计目标。那么，网页设计的完整流程是什么样的？设计师要如何一步一步地完成它，并设计出满足用户需求、用户体验良好的网页，这些是这一章总体要解决的问题。

除了上述问题之外，还可以进一步思考下列问题：

➢ 要设计的网站主题是什么，设计师对该领域是否熟悉，如果不熟悉要如何来做？

➢ 如何挖掘用户的实际需要，可以采用哪些方法？

➢ 竞品网站有哪些优缺点，自己设计的网站有什么独到之处？

➢ 网页设计中如何从图像、文字、色彩、版式等方面突出网站主题？

➢ 拿到一个项目时，如何把握设计方向？

本章以"企业网站"和"教育类网站"的设计过程为例，讲解网页创意设计的制作过程。网页创意设计综合考虑因素如图9-1所示。在设计过程中，融入了前面章节学习的图形图像设计、文字设计、版式设计、色彩设计等创意与艺术的思想，将所学的知识与实际应用有机结合，开发设计出满足用户需求、符合企业文化并具有美感的网页效果图。

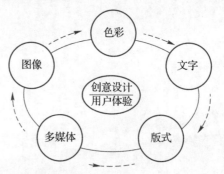

图 9-1　网页创意设计综合考虑因素

拿到一个项目时，每个人都有自己的设计思路，若要高效快速地完成委托方的设计要求，可以按照以下步骤进行。

① 了解项目背景，确定网站项目主题。

② 用户研究，确定网站定位。

③ 网页创意设计，发散思维搜集关键词。

④ 结合关键词提炼出视觉元素。

⑤ 确认视觉语言、元素及动态表现。

9.1　确定网站项目主题

确定网站主题是进行网站设计的第一步，因此首先要明确建设网站的目的。常见的网站建设目的如下。

① 为业务、服务做广告。

② 电子商务网站，销售产品。

③ 为事业单位做文化、信息传播。

④ 为供求双方建立平台式网站。

不同主题的网站在用户需求、设计元素选择、版式设计、色彩搭配上都会有所不同。在做网站设计练习时，设计题目的选择可以参考以下题目。

1. 商业推广类网站

商业推广类网站具体要求如下。

该网站是一家专业提供摄影爱好者活动交流，照片书在线 DIY 设计、作品分享与欣赏、提供照片书印刷和装订服务的平台。网站名称为拍印网，网站 Logo 中文采用"拍印"，网站 Logo 英文采用"PAAAI"。

设计时可参考网易印像派、虎彩影像、小米等网站。网站主要功能包括照片书、台历、挂历、明信片、优惠活动、作品分享、软件下载。全部商品分类如图 9-2 所示。

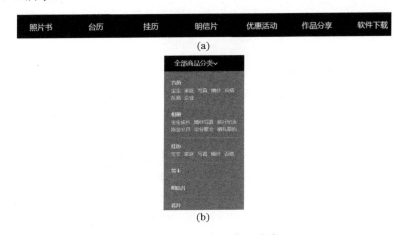

图 9-2　拍印网全部商品分类

风格及创意要求：自由选择，风格要求简约、专业、大气。设计网站 Logo、Banner。

色彩搭配：注重色彩的合理搭配，建议根据网站主题关键词进行色彩设计。

版式设计：自由选择布局和版式类型，但需注意用户在使用时的交互体验。

尺寸要求：页面尺寸在 1024×768 分辨率下，页面宽度应在 1002px 以内。

清晰度要求：素材自选，注意生成网页页面时图像及素材的清晰度。

2. 教育类网站

教育类网站具体要求如下。

该网站主要为学校系部、所在专业或者学生社团设计网站，例如为数字媒体艺术学院设计网站。首页中栏目要求包括标题、Logo、主导航、新闻区域、主宣传图 Banner、作品展示区、登录区域、页脚。

风格创意要求：建议以专业、清新的风格体现学院技术性和艺术性结合的特点。

色彩搭配：注重色彩的合理搭配，可运用配色器或典型配色方案进行色彩设计。

版式设计：自由选择布局和版式类型，要求能够表现专业性和艺术风格。

视听元素设计：图文素材可参考学院网站。

可供参考的资料图片如图 9-3 所示（请不要雷同）。

图 9-3 资料图片

3. 设计、艺术类网站

设计、艺术类网站具体要求如下。

"室内设计"装修装饰公司主要负责室内装修设计,网站主要功能包括经典案例展示、设计团队展示、热点楼盘展示,完工评价、装修日记、联系方式预览等。网站面对客户群体为家装客户、设计师,作为产品展示、企业宣传之用。网站设计应符合顾客的审美观念,为顾客营造一种宾至如归的感觉。其中,网页的风格应与网站设计主题相匹配。例如,欧式风格设计可以采用欧洲古典风格的花纹和色调,而中式风格的网页,则可以通过一些象征中国风格的图形元素突出网页的主题风格。

"室内设计"公司网站主要栏目如图 9-4 所示。

图 9-4 "室内设计"公司网站主要栏目

9.2 进行用户研究,确定网站定位

网页设计不只是图形的设计,一个优秀的网页设计作品,不仅要有绚丽的视

觉效果，还要使产品与受众群体产生共识。作为设计师，了解项目背景、运营方向及受众群体，是最重要的环节。这里首先要了解以下内容。

1. 与委托方沟通网站功能、风格定位

与网站委托方沟通，进一步了解产品特性，找出委托方的优势、特色和行销方式，以及网站需要展现给用户什么样的气质和感受。通过分析资料掌握行业知识，为设计进行前期的准备工作。

一个好的文案策划，可以起到事半功倍的效果，在第一时间抓住用户的眼球。在策划阶段需要思考网站的特殊性、唯一性，如何能够给用户留下深刻的印象。文案策划设计类似广告文案设计，需要考虑如何将网站的特点推销出去，在视觉效果识别度不够的情况下，还可以通过"广告口号"加强补足。

确定网站属于哪一类别，希望展现产品的什么特点，体现品牌的哪些独到之处。在美术风格表达上希望采用哪种风格，写实类、艺术类还是清新、大气、专业、时尚等风格。

2. 对用户进行调查研究，搜集用户的具体需求信息

产品设计应该是先理性后感性的。先理性地分析一下用户属性，再感性把握视觉效果的走向。

设计前要了解网站的受众人群，了解目标对象的年龄段、教育水平、习惯、喜好、消费能力等。只有真正明确网站是给什么人观看的，才能设计出用户需要的网页视觉效果，才能有好的用户体验。下面来看看"室内装饰"公司网站的用户数据分析，包括调查问卷及数据分析（如图9-5、图9-6所示）。

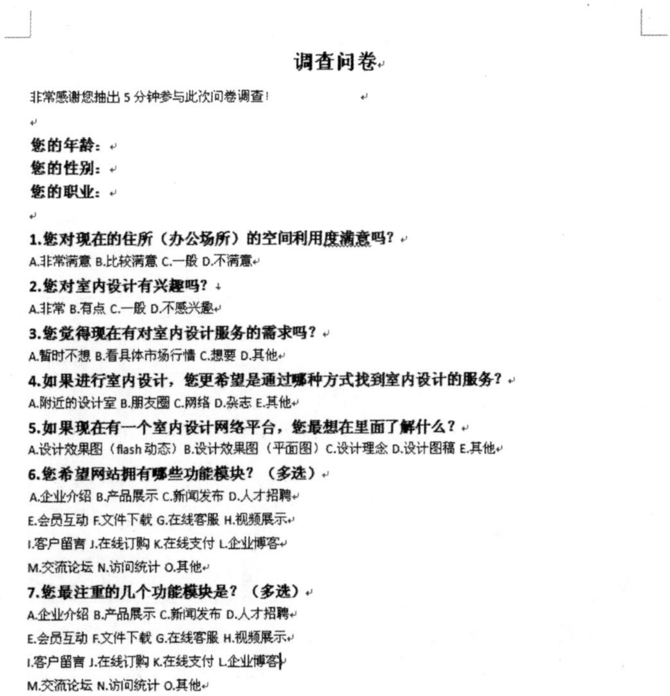

调查问卷

非常感谢您抽出5分钟参与此次问卷调查！

您的年龄：
您的性别：
您的职业：

1.您对现在的住所（办公场所）的空间利用度满意吗？
A.非常满意 B.比较满意 C.一般 D.不满意

2.您对室内设计有兴趣吗？
A.非常 B.有点 C.一般 D.不感兴趣

3.您觉得现在有对室内设计服务的需求吗？
A.暂时不想 B.看具体市场行情 C.想要 D.其他

4.如果进行室内设计，您更希望是通过哪种方式找到室内设计的服务？
A.附近的设计室 B.朋友圈 C.网络 D.杂志 E.其他

5.如果现在有一个室内设计网络平台，您最想在里面了解什么？
A.设计效果图（flash动态）B.设计效果图（平面图）C.设计理念 D.设计图稿 E.其他

6.您希望网站拥有哪些功能模块？（多选）
A.企业介绍 B.产品展示 C.新闻发布 D.人才招聘
E.会员互动 F.文件下载 G.在线客服 H.视频展示
I.客户留言 J.在线订购 K.在线支付 L.企业博客
M.交流论坛 N.访问统计 O.其他

7.您最注重的几个功能模块是？（多选）
A.企业介绍 B.产品展示 C.新闻发布 D.人才招聘
E.会员互动 F.文件下载 G.在线客服 H.视频展示
I.客户留言 J.在线订购 K.在线支付 L.企业博客
M.交流论坛 N.访问统计 O.其他

图 9-5 "室内设计"公司网站调查问卷

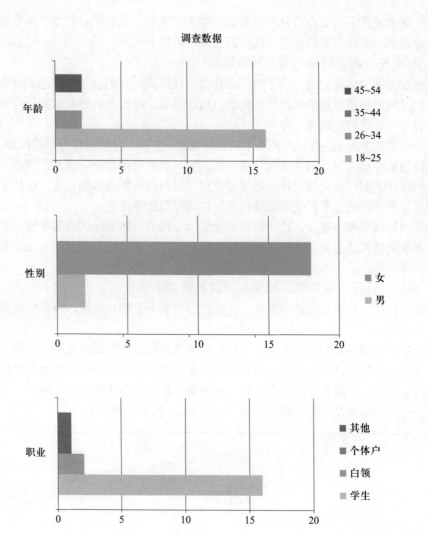

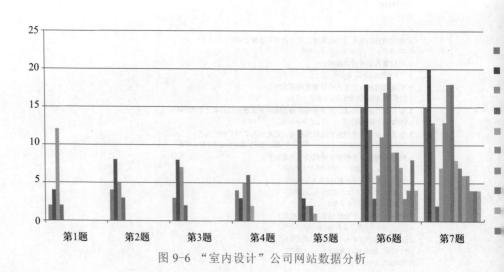

图 9-6　"室内设计"公司网站数据分析

3. 遵循产品、受众人群的特点，分析竞品网站，寻找突破创新点

在明确网站的目标用户之后，寻找相似主题网站。在行业中往往已经有了很多同样类型的设计作品，并已经把这样的产品定义上了某种感官形态，设计师可以采用大遵循微创新的方法，即在大的方向上遵循已有的设计趋势，而在小的细节上体现自己的优势，注重特殊性、唯一性，给用户留下深刻的印象。

具体来说，设计师可以对竞争对手的网站进行分析，写下竞品网站的优点和缺点，从设计形式到内容编辑上，到底有哪些是可以借鉴的。吸取它们的长处，找出不足，作为创新设计的切入点。第二，分析自身有哪些优势，在行业中以及在产品特点上，不要只看形式、流于表面。在重新设计网站的时候可以更加侧重自身的优势来设置内容，加强品牌建设，突出自身的优点，以优势取胜。

"拍印网"的竞品分析如下。

	网易印像派	虎彩影像	缤纷乐	咔嚓鱼
产品定位	网易公司旗下的照片产品定制网站	虎彩集团旗下专营个性化影像定制平台	儿童、旅游、婚纱摄影，个性化产品定制	惠普推出的一个在线照片冲印网站
一句话描述	印像派——每一刻美好，都用心珍藏	虎彩——让印刷走进千家万户	缤纷乐——免费存储照片，定制个性印品	专业冲印照片和网上分享，无限照片保存空间

拍印网与网易印像派、虎彩影像、缤纷乐、咔嚓鱼等网站的区别如下。

① 网易印像派、咔嚓鱼等主要以相片冲印为主；拍印网则专注于个性化设计，提供设计模板，创作灵感参考，用户可以自己动手设计礼物。

② 拍印网坚持做有设计感、时尚文艺的高端产品；网易印像派、咔嚓鱼的产品则比较大众化。

③ 拍印网主要面向大学生群体，凸显青春、时尚，还可以为大学生群体提供相机租赁、影片剪辑制作等服务。

9.3　网页创意设计

当确定好网站主题方向之后，可以运用创意思维方法，根据网站主题将与之有关的元素进行联想，以一种放射性的方式向外延展，列举所有可能的创意点，然后分析筛选出可行的创意，然后再发散，提出这个创意中需要解决的问题，再聚敛，聚焦到那个最好的解决办法，如此反复交替进行，最终达到目标。这种漏斗型的思维方式，最后沉淀下来的想法，都是经过层层筛选的。创意设计过程可以通过绘制思维导图的形式进行展现。拍印网的创意过程思维导图如图9-7所示。

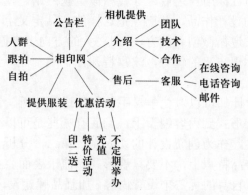

图 9-7 "拍印网"的创意过程思维导图

"拍印网"的创意点是,目标用户主要面向在校大学生,不仅提供照片冲印和影片剪辑制作等服务,还可以租借相机,让客户能够体验到整个过程。另外,还提供礼品制作服务,不单单是照片冲印,还可以帮助用户进行个性化设计,提供设计模板,创作灵感参考,使用户可以亲手设计礼物,并配上想说的话送给心爱的人,用不同的方式去纪念每一个瞬间。拍印网坚持做有设计感、时尚文艺的高端产品。

结合上述用户研究对目标用户和产品的了解后,根据创意点把所有的关键词全部列出来,并进行核心关键词提取,如图 9-8 所示。

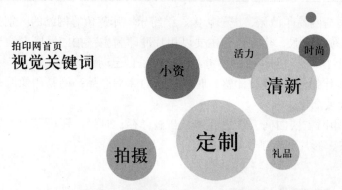

图 9-8 "拍印网"核心关键词提取

9.4 搜集筛选素材

提取关键词之后,并不需要急于设计,而是应先根据创意绘制一张草稿,拍印网设计草图如图 9-9 所示。根据草稿所需的元素,收集图片素材,提炼并加工组合。

图 9-9 "拍印网"设计草图

　　根据从思维导图中提取的网页创意关键词，搜索设计所需的相关素材。根据拍印网关键词"时尚、清新、拍摄、小资、活力、礼品"搜集的设计素材如图 9-10 所示。

图 9-10 "拍印网"设计素材

　　需要注意的是，要对图片素材进行过滤，即筛选掉质量不高、不够清晰以及与主题关联不大的素材，还需要注意素材的版权问题，有水印的则不能使用。

　　在找到关键词创新点之后，就到了头脑风暴环节，纵览根据关键词搜集到的图片，能让设计师快速找到灵感，得到更准确的定位基调和视觉展现效果。而整体效果的定位是设计的最初也是最关键的环节。

9.5　确定视觉语言、元素及动态展现

　　设计语言、元素及动态展现都是依附于创意设计理念进行的设计传达。由于网页界面中的视觉认知过程为视觉寻找—发现—辨别—确认—记忆搜索，所以界

面设计中概况应简练醒目,简洁清晰,把握好艺术设计的原则,从而简化用户的思维成本和操作秩序,减轻用户的记忆负担。导航按钮设计应生动鲜明,以吸引用户视线和注意力。

在视觉元素设计方面,应明确产品定位,合理安排界面各元素的位置,将凌乱的页面、混杂的内容根据整体信息的需要进行分组归纳、组织排列,使界面元素主次分明、重点突出,以帮助用户便利地找到所需信息,获得流畅的视觉体验。

9.5.1 "拍印网"页面元素设计

9.5.2 "数字媒体艺术专业网站"页面元素设计

9.6　整体设计与表现

本节列举了拍印网、数字媒体艺术专业网站、室内设计网站 3 个案例的整体设计效果。

9.6.1　"拍印网"整体设计

"拍印网"整体设计方案 1 如图 9-11 所示。

图 9-11　整体设计方案 1

"拍印网"整体设计方案 2 如图 9-12 所示。

图 9-12 整体设计方案 2

　　网页设计的两大要点是整体风格和色彩搭配，其次就是突出主题。这里将
Logo 放在了一个显眼的位置，Logo 的颜色是紫色，所以整个页面采用蓝紫色作
为基调，运用对比色黄绿色进行搭配，使其既不突兀又不单调，页面最显眼的位
置可以放上一句表现整个网站精髓的话，因为这里做的是摄像和冲印网站，所以
宣传语为"留住精彩的瞬间"，放在了主页的图片上，整个页面看起来统一，又
有层次，给人以清新、时尚的感觉，商品分类能让用户方便地使用网站功能，进

行产品定制，既能让用户留意到网站的主要功能模块，又不会破坏网页的整体感。

9.6.2 "数字媒体艺术专业网站"整体设计

"数字媒体艺术专业网站"整体设计方案 1 如图 9-13 所示。

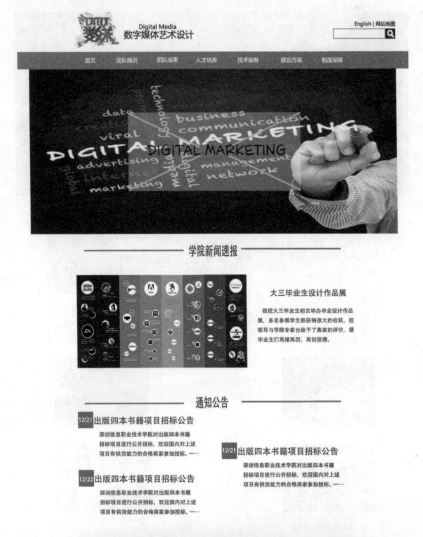

图 9-13 "数字媒体艺术专业网站"整体设计方案 1

此网站重点在于体现数字媒体艺术设计专业的特点，即技术与艺术融为一体。首先，在整体风格上，着重体现此数字媒体专业的艺术性，突破常规官网的模式，通过色彩搭配、图形图像设计给人以眼前一亮的感觉。在图片选材上，着重体现此专业的技术性，包含专业建设内容以及学生作品展示。

在排版上，也有所突破，跟以往的官网模式不同，采用了竖版并且容纳了更多有关专业的信息。使得官网给人的第一印象分更高，有眼前一亮的感觉，同时更具艺术性。

"数字媒体艺术专业网站"整体设计方案2如图9-14所示。

图 9-14 "数字媒体艺术专业网站"整体设计方案 2

9.6.3 "室内设计网站"整体设计

"室内设计网站"整体设计效果如图 9-15 所示。

图 9-15 "室内设计网站"整体设计效果

网站主题是"室内设计",风格定位比较文艺,为小复古风,所以在 Logo 设计中选择了繁体字样。选择符合主题的图片作背景,在背景图中插入标语。因为每一份为用户做出的设计都是独一无二,只为客户一方打造的,所以选择了"私

人定制，独一无二"这两句短语作为标语，"无二"用了繁体，也是和 Logo 相呼
应，标语的配色也恰好和 Banner 图像的颜色对应，整体配色协调统一，风格独特。
网站内页、细节如图 9-16 所示。

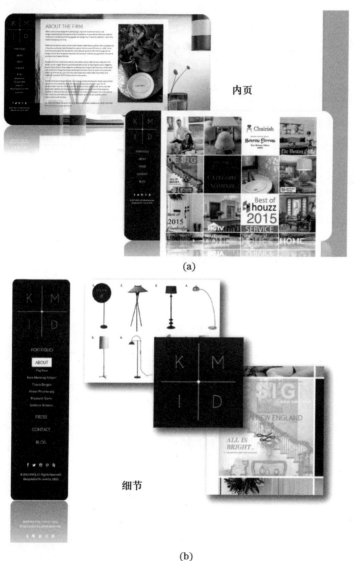

图 9-16　网站内页、细节

9.7　小结

　　这一章将本书的主要知识点融入完整的案例教学中，通过三种不同类型的网
站设计训练，使读者可以全方位地巩固和掌握网页创意设计方法。希望读者在练
习借鉴的同时慢慢形成自己的设计风格，在提高用户体验方面下工夫，将网页变
成一种视觉语言，与用户对话，产生情感上的共鸣，这也是每一个设计师应该努
力的方向。

郑重声明

高等教育出版社依法对本书享有专有出版权。任何未经许可的复制、销售行为均违反《中华人民共和国著作权法》，其行为人将承担相应的民事责任和行政责任；构成犯罪的，将被依法追究刑事责任。为了维护市场秩序，保护读者的合法权益，避免读者误用盗版书造成不良后果，我社将配合行政执法部门和司法机关对违法犯罪的单位和个人进行严厉打击。社会各界人士如发现上述侵权行为，希望及时举报，本社将奖励举报有功人员。

反盗版举报电话 （010）58581999　58582371　58582488
反盗版举报传真 （010）82086060
反盗版举报邮箱 dd@hep.com.cn
通信地址 北京市西城区德外大街 4 号
　　　　　　 高等教育出版社法律事务与版权管理部
邮政编码 100120

防伪查询说明

用户购书后刮开封底防伪涂层，利用手机微信等软件扫描二维码，会跳转至防伪查询网页，获得所购图书详细信息。用户也可将防伪二维码下的 20 位密码按从左到右、从上到下的顺序发送短信至 106695881280，免费查询所购图书真伪。

反盗版短信举报

编辑短信"JB，图书名称，出版社，购买地点"发送至 10669588128

防伪客服电话

（010）58582300

资源服务提示

欢迎访问职业教育数字化学习中心——"智慧职教"（www.icve.com.cn），以前未在本网站注册的用户，请先注册。用户登录后，在首页或"课程"频道搜索本书对应课程"网页创意与艺术设计（数字媒体专业群资源库）"进行在线学习。注册用户也可以在"智慧职教"首页或扫描本页右侧提供的二维码下载"智慧职教"移动客户端，通过该客户端选择本课程进行在线学习。

扫描下载官方APP